그의 저서 중 국내에서 네 번째로 번역 소개되는 이 책은 그가 대학생일 때 호기심을 가졌던 '양자중력'에 관한 이야기에서 시작된다.

20세기 과학혁명의 산물인 양자역학과 일반상대성이론은 시공간에 대한 우리의 관념을 근본적으로 바꾸어 놓았지만, 서로 양립하기 어려울 정도로 세계관과 사고방식이 달랐고, 이들을 동시에 포괄하는 통합이론은 불가능해 보였다. 카를로 로벨리는 이 문제의 해결을 평생의 업으로 삼고, 초끈이론을 대신할 새로운 루프양자중력이론을 수립하는 데 오랜 시간 공을 들여왔다.

책에는 양자중력이라는 낯설고 새로운 모험의 길로 안내해 준 다양한 학자들과의 만남과 진지한 토론 그리고 새로운 루프양자중력이론을 만들어가는 산고의 과정들이 솔직하게 서술돼 있다.

이 과정에서 그는 시공간에 관한 본질적인 질문과 '시간 없이' 우주를 이해할 수 있는 새로운 시각에 대한 물리학의 대답을 찾아간다. 이 세상을 '비시간적'인 표현을 통해 이해하는 방법을 생각해보라고, 견고한 기존의 관념을 뒤엎고 다른 방식으로 세계를 바라보라고, 이를 통해 세상이 겉모습과 다를 수 있음을 깨달아보라고 이야기한다.

만약 시간이 존재하지 않는다면

인간의 시계로부터 벗어난 무한한 시공간으로의 여행

C A R L O

만약 시간이 존재하지 않는다면

R O V E L L I

카를로 로벨리 지음

김보희 옮김 | 이중원 감수

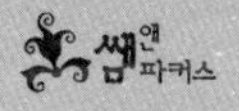

목차

프롤로그 7

제1장 막다른 길, 양자중력 앞에 서다 15

제2장 공간, 입자, 그리고 장 23

제3장 루프이론의 탄생 49

제4장 시간과 공간: 인간이 지닌 세계관의 기본 개념 71

제5장 블랙홀이라는 이상한 '시간펌프' 103

제6장 시공간은 존재하지 않는다 135

제7장 '모든 것의 최종이론'을 향해 177

에필로그 203

감수의 글 216

프롤로그

나는 내 삶의 많은 부분을 과학 연구에 바쳐왔지만 사실 처음부터 과학에 열정을 가져왔던 것은 아니다. 어린 시절의 나는 과학보다는 이 세상에 사로잡혀 있었다.

나는 이탈리아의 베로나라는 도시에서 태어나 조용한 가정에서 성장했다. 엔지니어로 일하면서 개인 회사를 운영했던 아버지는 탁월한 지식을 지닌 분으로, 사려 깊고 신중한 성격이었다. 그리고 어머니는 외동아들을 지극히 사랑하는 전형적인 이탈리아 엄마로, 초등학생 시절의 내 '탐구 생활'을 아낌없이 도와 배움에 대한 나의 욕구를 채워주셨다.

베로나에서 다녔던 고등학교는 매우 고전적인 곳으로, 수학보다는 그리스어나 역사 과목을 더 많이 가르치는 학교였다. 문화적으로는 다양한 요건을 갖추고 있었지만 과시적이고 지방색이 짙었다. 게다가 지방 부르주아 계급의 정체성과 특권을 지키는 것을 사명으로 여기는 학교였다. 세계 대전 전까지만 해도 수많은 선생님이 파시즘을 주장했고, 전후에도 대부분은 속으로 변함없이 파시즘을 따랐다. 1960~1970년대는 세대 간 갈등이 격화되던 시기였다. 세상이 빠르게 변하고 있었지만 주위 어른들 대부분은 변화를 좀처럼 받아들이지 못했다. 기성세대는 소극적이고 무의미한 태도를 완강히 고집하고 있었다. 나는 그런 어른들을 신뢰할 수 없었고, 선생님은 더더욱 믿을 수 없었다. 그래서 기성세대를 비롯한 권력을 가진 모든 것들과 계속해서 대립할 수밖에 없었다.

나의 사춘기는 그야말로 반항의 터전이나 다름없었다. 거대한 혼란의 시기를 살아가면서 기성 가치들을 모두 거부하다 보니 그 무엇도 분명해 보이지 않았다. 확실한 건 눈앞의 세상이 올바르고 아름답지만은 않다는 사실뿐이었다. 그래서 나는 또 다른 삶의 방식과 관념에 대해 이야기하는 책들을 닥치는 대로 읽었다. 아직 읽지 않은 책 속에 눈부신 보석들이 감춰져 있는 것 같았다.

볼로냐에서 대학생활을 하는 동안, 기성세대와의 갈등은 우리 세대 전체가 겪는 과정이 되었다. 우리는 이 세상을 바꾸어 더 정의롭고 나은 곳으로 만들고 싶었고, 살아가고 사랑하는 새로운 방식을 찾고 싶었으며, 또 다른 형태의 공동체를 만드는 등 무엇이든 시도하고 싶어 했다. 우리는 늘 사랑에 빠져 있었고 끊임없이 토론했으며 사물들을 선입견 없이 바라보는 법을 배우고자 했다. 혼란스러운 순간들도 있었지만, 새로운 세상의 서막이 어렴풋이 보이는 듯한 순간들도 있었다.

그 시절의 우리는 꿈을 꾸며 살아갔다. 우리는 함께 할 친구와 새로운 아이디어를 얻기 위해 상상 속 여행과 길 위의 여행을 수없이 떠났다. 나 역시 스무 살이 되자 세계 곳곳을 오랫동안 홀로 여행했다. '진리를 찾기 위한' 모험을 하기 위해서였다. 50대가 다 된 지금 천진난만했던 그때의 나를 떠올리면 웃음이 나지만 잘한 선택이었다고 확신한다. 게다가 나는 지금도 그때 시작한 그 모험을 어떤 형태로든 이어가고 있다고 생각한다. 결코 쉽지 않은 길이었지만, 터무니없는 희망과 끝없는 꿈들은 절대로 나를 떠나지 않았다. 그 희망과 꿈을 따르기 위해서 필요한 것은 오로지 용기뿐이었다.

나는 볼로냐에서 친구들과 최초의 해적 라디오 채널 중 하나인 '라디오 앨리스(Radio Alice)'를 만들었다. 우리의 마이크는 전파를 통해 목소리를 내고자 하는 사람들 누구에게나 열려 있었다. '라디오 앨리스'는 실험이자 이상향이었다. 곧이어 나는 그중 두 친구와 함께 이탈리아에서 일어났던 1970년대 학생 운동에 대한 책을 썼다. 하지만 혁명에 대한 희망은 순식간에 억압당했고 사회 질서가 다시 우위를 점했다. 세상을 바꾸기란 쉽지 않았다.

이후 대학에서 학업을 이어가면서 나는 예전보다 길을 더 헤매고 있는 듯한 느낌이 들었다. 이 세상의 절반과 함께 나누었던 꿈이 벌써 쇠락하고 있다는 데서 오는 씁쓸한 기분이었다. 앞으로 무슨 일을 하며 어떻게 먹고살아야 할지 막막했다. 사회적 지위 경쟁에 합류해 경력을 쌓고 돈을 벌어 권력의 단맛을 보는 것, 그건 너무 슬픈 일이었다. 그건 내가 아니었다. 아직 탐험해야 할 세상이 남아 있었다. 나는 구름 너머로 끝없이 펼쳐진 지평선을 떠올렸다.

그때 과학 연구가 나에게로 다가왔다. 거기서 나는 자유롭고 무한한 공간을, 이전만큼 놀라운 모험을 발견했다. 그때까지만 해도 나에게 공부는 시험을 통과하고 군복무를 미루기 위한 수단일 뿐이었다. 그러나 이제는 그것에 흥미를 느꼈고 그것에 열중하게 되었다.

물리학과 3학년이 된 나는 '새로운 물리학', 즉 양자역학과 일반상대성이론으로 대표되는 20세기 물리학과 조우했다. 매력으로 가득한 이 두 이론은 개념적인 혁명을 이끌어 우리의 세계관을 변화시켰고 견고하게만 여겨졌던 기존의 관념들을 뒤엎었다. 양자역학과 일반상대성이론을 통해 우리는 이 세상이 겉모습과 다를 수 있다는 것을 깨닫고 다른 시각으로 사물을 보는 법을 배울 수 있었다. 이것은 실로 어마어마한 생각의 여행이었다. 이렇게 해서 나는 결국 성공하지 못한 '문화적 혁명'에서 계속 이어지는 '생각의 혁명'으로 단계를 옮겨 빠져들기 시작했다.

과학을 통해 나는 새로운 사고방식을 배울 수 있었다. 과학적 사고에서는 이 세상을 이해하기 위해 규칙들을 세우지만 이후 그 규칙들은 얼마든지 수정할 수 있다고 본다. 이토록 자유롭게 지식을 추구하는 사고방식이 나에게는 매력적으로 다가왔다. 나는 갈릴레이의 친구이자 근대 과학을 이끈 몽상가 중 하나인 페데리코 체시(Federico Cesi, 1585~1630)의 말처럼 "앎에 대한 자연스러운 욕구"와 호기심을 따라 거의 무의식적으로 이론물리학의 문제들 속으로 빠져들기 시작했다.

결국 내가 이론물리학에 대해 관심을 가지게 된 것은 의식적인 선택의 결과라기보다는 우연과 호기심이 낳은 결과에 가까웠다. 고등학교 때에도 수학을 잘하긴 했지만 사실은 철학 과목에 더 흥미를 느꼈었다. 대학에서 철학이 아닌 다른 전공을 선택했던 것도 그저 기존의 체제에 대한 나의 불신 때문에 내린 결정일 뿐이었다. 철학적 문제들은 학교 따위에서 논의하기에는 너무 중대한 것들이라고 생각했기 때문이다.

새로운 세상을 만들겠다는 꿈이 현실의 벽에 부딪힌 순간, 나는 과학과 사랑에 빠지고 말았다. 무한한 숫자로 이루어진 새로운 세계를 품고 있는 과학은 내가 주위를 둘러싼 것들을 마음껏 탐구하는 자유롭고 눈부신 길을 따라갈 수 있게 해주었다. 나에게 과학이란, 변화와 모험에 대한 욕구를 포기하지 않고 자유롭게 생각할 권리를 보장해주는 것이었다. 즉 내가 '나'로서 있을 수 있게 해주면서도, 동시에 그런 삶이 내 주변 환경과 부딪혀 일어나게 될 갈등을 최소화시켜주는 일종의 타협점이었다. 게다가 과학을 통해 세상이 높이 평가하는 분야에 속하게 되었다.

나는 수많은 지성적, 예술적 업적이 비슷한 상황에서 비롯되었으리라 생각한다. 과학은 잠재적 이단아들을 위한 일종의 피난처가 되어주기 때문이다. 역동적 평형 상태에 있는 우리 사회는 이런 이단아들을 필요로 한다. 한편에서는 권력이 안정적이고 불변하는 사회를 수립하고 기존의 것을 무너뜨릴 모든 무질서함을 배척하지만, 다른 한편에서는 변화와 정의에 대한 갈망이 이 사회를 바꾸고 발전시켜 진화하게 하려는 까닭이다. 변화에 대한 욕구가 존재하지 않았다면 인간 문명은 결코 현재의 수준에 이르지 못했을 것이다. 어쩌면 아직도 그저 파라오를 찬양하고 있었을지도 모른다.

나는 각 세대마다 나타나는 젊은이들의 호기심과 변화에 대한 욕구가 사회 발전의 원천이 된다고 생각한다. 안정적인 사회를 유지하고 역사의 흐름을 가로막으려는 권력층의 곁에는, 새로운 영역과 참신한 생각을 추구하는 사람들, 현실을 관찰하고 이해하기 위한 획기적인 방법들을 찾아내는 데 몸을 던질 수 있는 꿈꾸는 사람들이 필요하다. 과거에 꿈을 꾸었던 사람들이 지금의 사회를 고안하고 형성했다. 우리의 미래를 탄생시킬 수 있는 것 또한 오로지 새로운 꿈뿐이다.

이 책을 통해 호기심과 꿈을 따라 걸어온 나의 여정을 소개해보고자 한다. 내가 만났던 매력적인 친구들과 아이디어들에 대한 이야기가 될 것이다.

제1장

막다른 길,
양자중력 앞에 서다

대학교 4학년 때, 나는 양자중력에 대한 영국의 물리학자 크리스 아이셤(Chris Isham, 1944~)의 논문 한 편을 읽었다. 현대 물리학의 근간을 이루고 있는 아직 해결되지 않은 중요한 문제가 있는데, 그것은 바로 이 세상의 기본 구조이기도 한 시간과 공간이라는 두 개념의 정의와 관련된 문제라고 이 논문은 설명하고 있었다. 나는 논문을 정신없이 탐독했다. 논문의 많은 부분을 이해할 수 없었지만, 논문에서 설명하고 있는 문제가 나를 사로잡았다. 그 문제의 핵심은 다음과 같다.

기초물리학의 비극

20세기의 과학적 대혁명은 두 가지 중대한 사건으로 이루어져 있다. 하나는 양자역학이고, 다른 하나는 아인슈타인의 일반상대성이론이다. 양자역학은 미시 세계를 훌륭하게 서술해 물질에 대한 우리의 지식을 뿌리째 흔들었고, 일반상대성이론은 중력의 힘을 명확히 설명하면서 시간과 공간에 대한 우리의 지식을 근본적으로 바꿔놓았다. 두 이론 모두 실험을 통해 확인되었으며, 현대 기술 발전의 많은 부분을 가능하게 만들었다.

하지만 두 이론이 세계를 서술하는 방식은 언뜻 보기에도 양립이 불가능해 보일 정도로 너무 다르다. 마치 서로 존재하지 않는 것처럼 각각 수립되었다. 일반상대성이론 교수의 강의 내용은 옆 강의실에서 양자역학을 가르치는 동료 교수가 보기에는 말도 안 되는 것일 테고 그 반대의 경우도 마찬가지일 것이다. 양자역학이 사용하는 시간과 공간에 대한 개념은 일반상대성이론과 모순되는 과거의 개념이고, 일반상대성이론이 사용하는 물질과 에너지에 대한 개념 역시 양자역학과 모순되는 과거의 개념이다.

두 이론을 동시에 적용할 수 있는 일반적인 물리적 상황은 존재하지 않는다. 현상의 규모에 따라 양자역학이나 일반상대성이론 중 하나를 적용할 수 있을 뿐이다. 두 이론을 모두 적용할 수 있는 물리적 상황은 매우 작은 거리의 움직임이나 블랙홀의 중심, 우주 생성의 초기 단계 등 우리가 가진 도구로는 접근하기 어려운 에너지 준위를 전제로 하고 있다.

우리는 이 두 위대한 발견을 연결할 방법을 알지 못한다. 이 세계를 사유할 포괄적 틀을 가지고 있지 않기 때문이다. 서로 갈려 양립하지 못하는 설명들 속에서 우리는 정신분열적인 상황에 빠지고, 사실상 공간, 시간, 물질이 무엇인지 더 이상 알 수 없는 지경에 이르게 된다. 오늘날의 기초물리학은 실로 비극적인 상태에 놓여 있는 것이다.

역사 속에서 이와 유사한 상황들을 찾아볼 수 있다. 뉴턴이 여러 학문을 통일하기 전까지의 상황도 그러했다. 케플러는 행성과 별을 관측해 우주의 물체들이 타원 궤도를 그린다는 사실을 발견했고, 갈릴레이는 땅에 떨어지는 물체들을 연구하면서 이 물체들이 포물선 궤적을 그린다는 사실을 발견했다. 코페르니쿠스는 지구가 우주의 여러 행성 중 하나일 뿐, 특별한 존재가 아니라는 것을 깨달았다. 그렇다면 지구에서 유효한 이론과 우주에서 유효한 이론은 왜 각각 다른 것일까? 이후 뉴턴은 지구의 이론과 우주의 이론을 하나의 이론으로 통합하는 데 성공한다. 우주 속 행성이든 땅에 떨어지는 사과든 동일한 방정식을 적용할 수 있게 된 것이다.

이 놀라운 통일은 약 300년 동안 지배적인 위치를 차지했다. 20세기 초까지만 해도 물리학은 시간, 공간, 인과성, 물질 등의 몇 가지 핵심 개념들을 바탕으로 세워진 일관성 있는 법칙들의 집합이었다. 몇 차례 중대한 발전이 있긴 했지만 이 개념들은 제법 안정적으로 유지되었다. 그런데 19세기 말부터 물리학 내부의 긴장이 커지기 시작했다. 그리고 20세기의 첫 분기 동안 양자역학과 일반상대성이론이 등장해 기존의 개념적 기반을 산산조각내버렸다. 결국 뉴턴이 이룬 놀라운 통일은 길을 잃고 말았다.

양자역학과 일반상대성이론은 큰 성공을 거두었고 끊임없는 실험을 통해 입증되었다. 그리고 이제는 견고하게 확립된 지식의 일부가 되었다. 두 이론은 전통 물리학이 지닌 개념적 기반을 각각 일관성 있게 바꾸었지만, 두 가지 모두를 포괄할 수 있는 개념적 틀은 아직 나오지 않았다. 그 결과, 중력이 양자효과를 나타내기 시작하는 10^{-33}cm 미만의 영역에서 어떤 일이 일어날지 전혀 예측할 수 없다. 물론 이것은 매우 극단적인 규모이긴 하지만, 어쨌든 서술할 수는 있어야 한다. 우리의 세계는 양립 불가능한 두 이론을 모두 따를 수 없기 때문이다. 실제로 이 정도로 작은 규모에서 일어나는 현상은 자연에도 존재한다. 우주 대폭발 때에도 존재했을 것이며, 블랙홀 근처에도 존재하고 있다. 이런 현상들을 이해하려면 이 규모에서 어떤 일이 일어날지를 계산할 수 있어야 한다. 따라서 무슨 수를 써서라도 두 이론을 연결해야 하는 것이다. 바로 이 임무가 '양자중력'의 핵심 문제이다.

이것은 분명 어려운 문제임이 틀림없다. 하지만 학부 마지막 해에, 나는 20대의 젊은 패기로 이 문제를 내 인생을 바칠 도전 과제로 삼기로 결심했다. 시간, 공간 등 기본적인 개념들을 연구할 수 있고 무엇보다 도저히 해결할 수 없는 문제처럼 보인다는 점이 내 마음을 사로잡았던 것이다.

당시 이탈리아에는 이 문제를 연구하는 사람이 거의 없었다. 교수님들도 '막다른 길이나 다름없다', '일자리를 절대 찾을 수 없을 것이다', '다른 주제를 연구해서 튼튼한 연구팀에 들어가라'는 등의 조언을 하며 나를 강하게 만류했다. 하지만 신중해야 한다는 어른들의 조언은 청춘의 즐거운 고집을 더욱 굳건하게 해줄 따름이었다.

나는 어렸을 때 이탈리아의 아동문학가인 잔니 로다리(Gianni Rodari)의 우화들을 많이 읽었다. 그중에는 조반니노와 막다른 길에 대한 이야기도 있었다. 주인공 조반니노가 살고 있는 마을에는 막다른 길이 하나 있었는데, 호기심 많고 고집 센 그는 마을 사람들의 만류에도 불구하고 그 길을 가보고 싶어 했다. 조반니노는 결국 길을 떠났고, 물론 거기서 성에 사는 공주를 만나 많은 보석을 받게 되었다. 부자가 되어 마을로 돌아온 조반니노를 본 마을 사람들은 앞다투어 그 길로 떠났지만, 더 이상 아무도 보석을 찾을 수 없었다. 이 이야기는 항상 내 뇌리에 박혀 있었다. 나는 막다른 길이라 여겨지는 양자중력이라는 길을 찾아낸 셈이었다. 그리고 그 길에서, 나는 공주와 수많은 보석들을 찾아냈다.

제2장

공간, 입자 그리고 장

양자중력 문제의 기원과 어려움에 대해 이야기해보자. 먼저 역사적으로 변화를 겪은 공간 개념부터 시작해보자. 그 다음으로 어떻게 해서 시간 개념이 더 놀라운 변화를 거치게 됐는지 살펴볼 것이다.

가장 친숙한 세계관의 기반이 되는 공간 개념은, 공간을 세상의 거대한 '통'이라고 보는 방식이다. 이 공간 개념에서는 공간을 일정하고, 균일하며, 특정한 방향이 없고, 유클리드 기하학을 적용할 수 있는 거대한 상자로 보고, 그 안에서 세상의 일들이 일어난다고 여긴다. 우리가 알고 있는 모든 물체들은 이 상자 공간 안에서 이동하는 입자들을 통해 형성된다는 것이다. 오늘날까지도 기술 및 공학 분야 전체에서 폭넓게 응용되고 있는 뉴턴의 만유인력이라는 강력한 이론 역시 바로 이 공간 개념 안에서 수립되었다.

뉴턴의 이론이 발표되고 약 200년이 지난 19세기 말, 제임스 클러크 맥스웰(James Clerk Maxwell, 1831~1879)과 마이클 패러데이(Michael Faraday, 1791~1867)는 전하들 사이의 전기력에 대한 연구를 시작했고, 그 결과는 공간에 대한 설명을 바꾸어놓았다. 이들은 공간, 입자와 함께 '전자기장(場)'이라는 제3의 요소를 찾아냈고, 새롭게 등장한 전자기장은 이후 물리학 전체에서 중대한 역할을 하게 되었다.

전자기장은 전기력과 자기력의 매체이다. '장'은 공간을 가득 채우고 있는 일종의 널리 퍼진 형태의 개체를 의미한다. 패러데이는 장이란 양전하에서 출발해 음전하에 이르는 '선'들의 집합이라고 생각했다. [그림1]은 그러한 선들 중 일부를 나타낸 것이다. 실제로는 공간의 세 차원 속에 무형의 거미줄을 친 것처럼 무한한 수의 선들이 공간 전체를 연속적으로 가득 채우고 있다.

공간의 모든 지점에는 패러데이의 역선(力線)이 지난다.

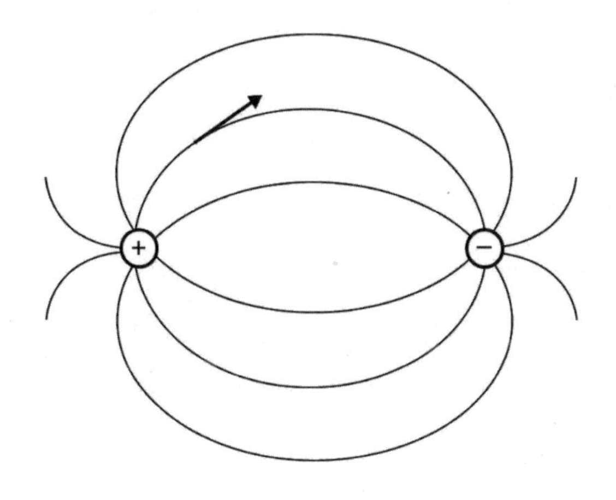

|그림 1| 두 전하 주위의 전기장
장은 패러데이의 역선들로 이루어져 있으며, 특정 지점에서 나타나는 전기력의 방향은 화살표로 표시된다.

각 지점을 지나는 역선의 방향은 이 역선과 접하는 벡터(화살표선)로 표현할 수 있다. 전기장이 그 안에 놓은 전하에 벡터 방향의 전기력을 가하는 것이다.

패러데이와 맥스웰의 발견이 위대한 이유는 이 장이 전하와 개별적으로 존재하는 독립적 개체라는 점을 깨달았기 때문이다. 전하가 없어도 패러데이의 역선은 여전히 존재한다. 만약 선이 도달할 수 있는 전하가 없다면 이 선들은 원래의 위치로 돌아가 공간 내에서 '고리' 형태의 폐곡선을 그리게 된다. 이러한 선은 [그림2]와 같이 나타나게 된다. 공간 속 한 지점에 적용되는 전기력의 방향은 해당 점의 접선 벡터를 따른다.

전자기장은 전하에 의해 생겨나는 것이 아니다. 전자기장은 항상 존재하는 독립적인 개체이며, 때때로 전하의 존재에 따라 변화할 수는 있지만 전하에서 나오는 것은 아니다. 전자기장이 존재하기 위해 전하가 필요하지는 않다.

이러한 패러데이의 직관을 수학 공식으로 옮겨 그 결과를 도출해낸 사람이 바로 맥스웰이다. 맥스웰은 방정식을 통해 패러데이가 상상했던 전자기장, 즉 패러데이의 역선들을 설명해냈다. 천재 실험자이자 위대한 몽상가였던 패러데이에게는 수학적 기술이 전무했기 때문이다.

패러데이의 역선의 형태는 맥스웰 방정식의 지배를 받는다. 각 선들은 고정되어 있지도 않고 임의적이지도 않지만 맥스웰 방정식에 따라 인접한 다른 선이나 움직이는 전하의 이동에 따라 변형된다. 전하가 존재하면 역선의 고리는 열

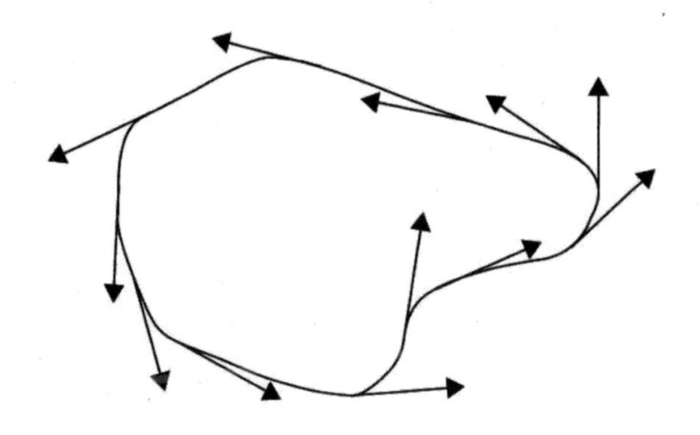

|그림 2| 고리 형태로 나타난 닫힌 역선
화살표는 전기력의 방향을 보여주고 있으며 역선의 접선 방향으로 나타난다. 이 선들은 공간 전체를 채우고 있으며 전자기장을 형성한다.

리고 전자기장이 [그림1]과 같은 형태로 형성된다. 전자기장은 패러데이의 역선으로 이루어져 있으며 마치 선으로 이루어진 바닷물처럼 움직임이 점차 퍼져나간다.

전자기장의 변형이 한 점에서 다른 점으로 일정하게 퍼져갈 때 두 점 사이에서 전자기파가 이동한다고 알려져 있다. 전기력 벡터의 방향과 크기는 규칙적으로 진동하게 되며, 이 진동의 속도와 진폭은 해당 전자기파의 특성, 곧 파장과 강도를 정의하게 된다. 하인리히 루돌프 헤르츠(Heinrich Rudolf Hertz, 1857~1894)는 최초로 라디오파를 이용해 원거리로 정보를 전달하는 데 성공했고, 이것은 수많은 방식으로 응용되어 우리의 현대 기술을 점차 풍부하게 만들었으며 이 세상의 모습까지 바꾸어놓았다.

맥스웰은 빛도 전자기장 속의 역선들에서 나타나는 빠른 파동일 뿐이라는 사실을 깨달았다. 라디오파는 매우 느린 파동이고 빛은 매우 빠른 파동이지만, 두 경우 모두 전자기장의 규칙적인 변형이라는 점에서 동일한 현상의 범주에 속해있다.

한편 전자기장은 눈에 보이지 않는다고 생각되는 경우가 많다. 그러나 이것은 사실이 아니다. 우리 눈에 '보이는 것'이야말로 전자기장 그 자체이기 때문이다. 어떤 물체를 봤을 때, 우리는 그 물체를 직접적으로 감지하는 것이 아니라 물체와 눈 사이의 전자기장의 진동, 즉 그 물체가 반사한 빛을 감지하는 것이다. 거울이나 영화관의 스크린, 홀로그램 등을 생각해보자. 세 가지 모두 무언가가 보이긴 하지만 그 위치에 실제로 물체가 존재하지는 않는다. 단지 그 물체가 그곳에 있는 것'처럼' 빛이 반사되고 있을 뿐이다. 이 또한 같은 맥락이다.

이러한 패러데이와 맥스웰의 업적들은 뉴턴의 세계관을 어느 정도 바꾸어놓았다. 그러나 근본적인 변화는 아니었다. 상자와 같은 공간 개념이 존재하며 그 공간 안에서 사물들이 움직이고 있다고 보는 관점은 여전했다. 단지 상자 공간과 입자라는 기본적인 개체에 전자기장이라는 제3의 요소가 추가되었을 뿐이었다.

일반상대성이론

공간에 대한 우리의 이해에 근본적인 혁신을 일으킨 사건은 1915년 아인슈타인에 의해 일어났다. 맥스웰의 업적에 깊은 감명을 받은 아인슈타인은 이번에는 중력(우리를 땅으로 끌어당기는 힘인 동시에 지구가 태양 주위에, 달이 지구 주위에 있을 수 있게 하는 힘)을 설명할 방법을 연구하기 시작했다. 아인슈타인은 전자기장과 유사한 형태의 '중력장' 개념을 도입해야 한다는 사실을 깨달았다. 전하들 사이의 공간을 채우고 있는 전자기장을 통해 전기력이 작용하는 것처럼, 두 질량 사이의 중력 역시 중력장을 통해 작용할 것이다. 그렇다면 중력장은 공간 전체를 채우고 있으며 움직이고 진동하며 파동을 만들 것이고, 두 질량 사이를 연결하는 '중력선'들이 존재해 중력장을 형성한다고 볼 수 있을 것이다. 아인슈타인은 이런 생각들을 정리해 중력장 개념을 도입하고, 맥스웰 방정식을 본떠 중력장에 대한 방정식 – 오늘날 아인슈타인 방정식으로 불리는 식 – 을 만들었다.

만약 아인슈타인이 여기서 멈췄다면, 위대한 과학자이긴 해도 천재라고 하기에는 부족함이 있었을 것이다. 하지만 그는 중력장을 이해하기 위해 훨씬 더 많은 노력을 기울였다. 아인슈타인은 중력장을 기술하는 방정식 형태를 해석하면서 놀랄 만한 발전을 이뤄냈다. 중력장과 뉴턴이 말한 상자 공간이 사실상 '동일한 것'이라는 사실을 깨달은 것이다. 이것이야말로 아인슈타인이 이룬 가장 위대한 업적이다.

A라는 사람과 B라는 사람이 있는데 이 둘이 사실은 한 사람이었다고 생각해보자. 이 사실을 받아들이는 데에는 두

가지 방법이 있다. 어차피 동일 인물이므로 B라는 사람이 존재하지 않는다고 생각하거나, 반대로 A라는 사람이 존재하지 않는다고 생각하는 것이다. 아인슈타인의 발견 역시 두 가지 방식으로 표현할 수 있다. 첫 번째는 중력장은 존재하지 않으며 공간 자체가 파도치는 바닷물처럼 움직이고 진동하며 변형될 수 있는 존재라고 보는 방법이다. 두 번째는 반대로 공간은 존재하지 않으며 유동적인 중력장만 존재한다고 보는 방법이다. 현실 세계를 표현할 때 더 자주 사용되는 방식은 첫 번째 방법이다. 과학 입문서에서도 '탄력적' 공간, 즉 질량체 주변이 휘어있는 공간의 이미지를 제시하곤 한다.

하지만 이렇게 표현할 경우 여전히 공간이 장과는 다른 고유한 본질을 가지고 있다고 여기게 된다는 문제가 있다. 이때의 공간은 무정형적이고 수동적인 개체, 그 공간을 차지하고 있는 물체들과 독립적인 개체로 여겨진다. 그러나 일반상대성이론에서의 공간이 지닌 특성은 오히려 전자기장의 특성에 더 가깝다. 이때의 공간은 공간 내부의 물체들과 상호작용을 하는 역동적인 개체이기 때문이다. 따라서 아인슈타인의 발견을 보다 잘 서술하려면 공간은 곧 중력장이며 공간이란 것은 존재하지 않는다고 설명하는 두 번째 방식을 택해야 한다. 수많은 장 중 하나인 중력장을 뉴턴은 절대공간이라는 특별한 개체라고 여겼던 것이다.

이것은 예기치 못한 놀라운 발견이었다. 뉴턴이 고정된 견고한 상자라고 묘사했던 공간은 존재하지 않았다. 그 대신 전자기장과 동일한 성질을 지닌 탄력적이고 역동적인 물리적 개체가 존재하고 있었다.

결국 이 세상은 더 이상 '공간 내에 위치한 입자와 장'으로 이루어진 것이라고 볼 수 없다. 이 세상은 '입자와 장'으로만 이루어져 있을 뿐이다. 또한 여러 개의 장이 상호적으로 내부에 존재하고 있다. 다시 말해 중력장과 전자기장은 서로 겹치고 포개진 상태로 공존하며 작용하고 있다. 우리는 중력장에서, 중력장 안에서 살고 있다. 견고한 상자 공간 안에서 살고 있는 것이 아니다.

바다 한가운데 섬이 하나 있다고 상상해보자. 이 섬에는 많은 동물들이 살고 있다. 그런데 아인슈타니움이라는 이름의 한 젊은 해양생물학자가 철저한 조사를 펼친 결과 이 섬이 사실은 섬이 아니었다는 사실을 발견했다. 실제로는 섬이 아니라 거대한 고래였던 것이다. 그렇다면 동물들은 더 이상 섬에 살고 있는 것이 아니다. 사실은 섬 그 자체도 동물이었고, 그곳에는 동물과 섬이라는 성질이 다른 '두 개체'가 존재하고 있었던 것이 아니라 동물이라는 동일한 성질의 개체들만 존재하고 있었으며, 이 동물들은 별도의 솟아오른 땅을 의지하지 않고 '서로 포개진' 형태로 살아가고 있었던 것이다.

마찬가지로 아인슈타인은 여러 장이 '서로 포개질' 수 있으므로 장이 고정된 상자 공간 안에 있어야 할 필요가 없다는 점을 깨달았다. 뉴턴의 절대공간은 고정되고 정적이며 움직이지 않는, 동물들이 살고 있는 섬과 같은 것이었다. 그러나 아인슈타인은 공간이 장 안에서 움직이는 입자들이나 장과 분리된 별도의 개체가 아니며, 다른 장들과 다를 바 없는 또 하나의 장이라는 사실을 밝혀냈다. 그리고 이 장은 움직이거나 물결치거나 휠 수 있으며, 그 운동 역시 전자기장의 방정식과 매우 유사한 특정 방정식(아인슈타인 방정식)을 따른다는 것이다.

물론 중력장의 변화는 우리 기준에서는 너무나 미미하기 때문에 마치 동물들이 사는 고래의 등처럼 완벽하리만큼 균일하고 고정된 공간인 것처럼 느껴진다. 또한 중력장의 구조도 종이 표면의 울퉁불퉁함을 손가락으로는 느낄 수 없듯이 우리의 인지 범위를 벗어난다. 하지만 매우 정밀한 수단을 사용한다면 시공간의 '잔물결'을 볼 수 있을 것이다. 아인슈타인의 이론에서 시공간이 휘어 있다고 말하는 이유도 이 때문이다.

아인슈타인은 순식간에 앞서갔다. 먼저 고전역학에서의 움직임, 즉 중력이 없는 상태에서 물체들이 보이는 움직임에 대한 설명을 상대화했고(특수상대성이론), 그다음에 중력이 있는 상태에서의 움직임으로 넓혀갔다. 이것이 '일반상대성이론'이다. 이제는 물체가 공간 속에 어느 위치에 있다고 할 수 없고, 다른 물체들과의 비교를 통해서만 그 물체의 위치를 설명할 수 있으므로 '상대적'이다. 또한 중력이론으로서 탄생한 이론이지만, 공간 개념을 바꾸고 물리적 세계에 대한 이해를 전반적으로 뒤흔들어놓은 만큼 그 중요성이 일반화되었으므로 '일반적'이다.

일반상대성이론은 실로 아름다운 이론이지만 쉽게 접근할 수 있는 이론은 아니다. 정확한 공식을 만들기 위해서는 복잡한 수학이 필수적이다.(상자 공간이 아닌 다른 장에 존재하는 장들을 기술하려면 수학이 필요하다.) 그러나 일반상대성이론을 제대로 이해한다면 이 이론이 지닌 개념적 명쾌함에 사로잡히게 될 것이다. 우리에게는 제각각으로 보이는 개념들–공간, 중력, 장–이 모두 중력장이라는 하나의 개체를 이루는 측면들에 불과하기 때문이다.

아인슈타인은 이 놀라운 이론을 도대체 어떻게 생각해낸 것일까? 아인슈타인의 업적에서 직접적인 경험은 어떤 역할도 하지 않았다. 그의 이론은 그때까지 인류가 세상에 대해 알게 된 지식에 집중해서 얻은 순수한 사유의 결과물이었다. 일반상대성이론은 아인슈타인의 천재성이 낳은 창조물이었다. 그는 공간의 본질과 기존에 확립된 이론들을 고찰함으로써 시공간이 역동적이라는 것을 깨달았고, 적합한 방정식을 찾아냈으며, 개기일식 동안 별들의 시차(視差)를 계산했던 것이다.

아인슈타인의 지식의 원천은 기존의 이론들에 대한 철저

한 이해에서 나왔다. 아인슈타인의 이론들은 결코 무(無)에서 탄생하지 않았다. 그는 1905년 특수상대성이론을 제시하기 위해 맥스웰 이론이나 갈릴레이-뉴턴의 법칙 등 당대에 확립되어 있었던 기존의 이론들을 매우 신중하게 연구했고, 이 이론들 사이에서 나타나는 명백한 모순(이것에 대해서는 6장에서 다시 다루도록 하겠다.)에 초점을 맞췄다. 뒤이어 1915년 일반상대성이론을 발표하기 위해 뉴턴의 중력이론과 특수상대성이론 간의 모순을 연구했다. 아인슈타인은 기존의 이론들을 포괄할 수 있는 새로운 개념을 도입하기 위해 그 이론들을 경험적 기반으로 활용했다. 케플러와 갈릴레이의 이론들이 뉴턴 이론의 기본 자료가 되었던 것처럼, 그에게는 기존의 이론들이 상위 단계를 구성하기 위해 필요한 '실험 데이터'의 역할(수없이 검증된 이론들이었으므로)을 했던 것이다. 비록 그 실험 데이터들이 기존의 이론을 위한 실험이었을지라도, 결국 아인슈타인의 발견 역시 뉴턴의 발견과 마찬가지로 순수한 공상이 아닌, 경험주의에 근거한 발견이었던 셈이다.

30년 전만 해도 일반상대성이론은 훌륭하지만 낯선, 매우 사변적인 이론으로 여겨졌다. 그러나 우리는 그 후 일반상대성이론이 실험을 통해 확증되고 폭발적으로 응용되는 상황을 목도해왔다. 현재 일반상대성이론은 천체물리학부터 우주론, 그리고 이론을 통해 예측한 중력파(중력선의 진동)의 검출 실험에 이르기까지 다양한 분야에서 응용되고 있다.

일반상대성이론의 여러 예측 중 놀랍게 확증된 것 중 하나로 블랙홀의 존재를 들 수 있다. 실제로 블랙홀은 우주에서 여러 차례 확인된 바 있다. 또한 무수히 많은 응용 분야 중에서는 누구나 알고 있을 법한 GPS시스템을 들 수 있다. 지구상에서의 현재 위치를 알려주는 조그만 GPS 기계는 스포츠용품점이나 자동차용품점에서 쉽게 구할 수 있지만, 일반상대성이론 없이는 작동될 수 없다.

하지만 20세기 물리학계를 뒤집어놓은 혁신적인 발견에는 일반상대성이론만 존재하는 것이 아니다. 양자역학 역시 물체와 물질에 대한 인류의 사고방식을 바꾸어놓았다.

양자역학

뉴턴 이론의 기반이기도 한 물체에 대한 개념은 패러데이와 맥스웰에 의해 이미 변화되었다. 이 세상이 미세하고 단단한 '구슬'과도 같은 입자로만 이루어진 것이 아니라, 널리 퍼진 형태의 개체인 장으로도 이루어져 있다는 사실이 밝혀졌기 때문이다. 그러나 양자역학이 일으킨 물체에 대한 개념적 혁신은 훨씬 더 극단적이었다. 원자, 복사, 빛 등에 대한 오랜 연구와 막스 플랑크(Max Planck), 아인슈타인(Albert Einstein), 닐스 보어(Niels Bohr), 베르너 하이젠베르크(Werner Heisenberg), 폴 디랙(Paul Dirac) 같은 수많은 영웅들의 장대한 이론적 투쟁 덕분에, 물질에 대한 공통된 시각이었던 뉴턴역학이 미시적 차원의 물체에는 전혀 적용되지 않는다는 사실이 밝혀졌다. 이제 뉴턴역학을 '양자역학'으로 대체할 때가 된 것이다.

양자역학은 두 가지 발견으로 커다란 변화를 가져왔다. 첫째는 미시적 차원의 세계에서는 항상 '알갱이'의 특성, 즉 불연속성이 발견된다는 점이다. 예를 들어 한정된 공간에서 움직이는 미시 세계의 물체는 임의의 속도가 아닌 한정된 특정 속도만을 가질 수 있으며, 이를 속도가 '양자화' 됐다고 말한다. 많은 물리량들은 이러한 불연속적인 양자화된 구조를 지니고 있다. 일례로 원자의 에너지도 아무 값이나 갖는 것이 아니라 양자역학을 통해 계산된 한정된 값(원자의 '에너지 준위')만 가질 수 있다. 모든 과정은 이 에너지가 마치 알갱이화된 것처럼 일어난다. 작은 에너지 덩어리들, 즉 '에너지 양자'들이 모여 에너지를 형성하는 것이다. 장도 마찬가지이다. 앞에서 이야기했던 유동적인 선들의 집합인 전자기장도 매우 작은 규모에서 볼 때는 광자라고 불리는 불연속적인 작은 '에너지 덩어리', 일종의 '알갱이', 즉 '양자'의 모습으로 나타난다.

양자역학을 통한 또 다른 발견은 모든 움직임에 우연한 요소인 본질적 불확실성이 존재한다는 사실이다. 뉴턴의 추측과 반대로, 어떤 한 입자의 현 상태는 다음 순간에 일어날 일을 정확하게 결정해주지 않는다. 미시적 차원에서 볼 때 물체들의 변화는 확률의 지배를 받는다. 어떤 사건이 일어날 '확률'을 매우 명확하게 계산(실험 횟수를 한없이 크게 할 때 해당 사건이 일어나는 횟수를 계산)할 수는 있지만, 미래를 확실히 예견할 수는 없다는 것이다. 따라서 입자는 해당 입자의 위치를 통해 표현할 수 없으며, 입자가 발견될 수 있는 각 위치에 대한 확률 전체를 의미하는 '확률운(雲)'에 의해서만 표현될 수 있다. 확률운의 밀도가 높을수록 입자가 발견될 확률도 커지며, 모든 입자 또는 광자에 각각의 확률운을 부여할 수 있다. 결국 어떤 입자의 움직임은 '입자의 존재에 대한 확률의 변화'가 되는 것이다.

이렇게 해서 물질에 대한 고전적 사유가 지켜왔던 연속성과 결정론이라는 두 가지 기본 구조는 버려졌다. 매우 가까이에서 들여다본 세상은 불연속적이고 확률적인 곳이었다.

이것이 20세기 초 나타난 두 가지 위대한 개념적 혁신이 우리에게 알려준 내용들이다.

양자중력

마침내 양자중력 문제의 핵심부에 도달했다. 양자역학을 통해 배운 것과 일반상대성이론을 통해 배운 것을 통합하면

과연 어떤 일이 일어날까?

아인슈타인은 공간이 전자기장과 같은 하나의 장이라는 사실을 발견한 한편, 양자역학은 모든 장이 양자로 구성되어 있으며 이 양자는 '확률운'을 통해서만 기술될 수 있다는 것을 알려주었다. 이 두 아이디어를 합쳐서 생각하면 공간, 즉 중력장은 전자기장과 같은 성질을 가지고 있으므로 공간 역시 알갱이 구조를 띠게 된다. 결국 '공간 알갱이'가 존재하게 되는 것이다. 또한 이 알갱이들의 움직임은 확률을 따른다. 따라서 공간은 '공간 알갱이들의 확률운'이라고 표현해야 할 것이다. 이 개념은 어지러울 정도로 우리의 일상적인 직관과는 너무 거리가 멀지만, 우리에게 주어진 최고의 이론들을 합쳐 만든 시각인 것은 분명하다. 뉴턴의 고정된 상자 공간은 더 이상 존재하지 않는다. 공간은 파동들이 요동치는 장이며, 공간의 구조는 확률론을 따르는 알갱이들로 이루어져 있다.

그렇다면 '공간 알갱이'는 도대체 무엇을 의미하는 것일까? 그리고 어떻게 묘사할 수 있을까? 이 알갱이들을 지배하는 공식은 무엇인가? '공간 알갱이들의 확률운'이란 표현은 무엇을 의미하는가? 우리의 관찰과 관측에 어떤 영향을 가져다주는가? 결국 공간 알갱이들의 확률운을 묘사할 수 있는 수학적 이론을 세우고 그 의미를 이해하는 것이 바로 양자중력의 문제인 것이다.

그러나 문제는 여기서 끝나지 않는다. 1905년, 아인슈타인은 특수상대성이론을 통해 공간과 시간은 따로 설명할 수 없는 것이라고 발표했다. 아인슈타인에 따르면 시간과 공간은 서로 철저하게 연결되어 있으며 불가분의 전체인 '시공간'을 형성한다. 이것은 공간이 질량의 존재를 감지하고 그에 따라 변화되듯, 시간 역시 그러하다는 것을 의미한다. 시간이 흐르는 방식 또한 물체의 존재와 움직임에 종속되어 있다는 것이다. 지금까지 공간의 개념을 중력장의 개념으로 대체해야 한다고 이야기해왔지만, 사실 정확히 표현하자면 빠진 것이 있다. 실제로 중력장의 개념으로 대체되어야 하는 것은 공간이 아닌 시공간의 개념이다. 즉, 공간만 알갱이로 이루어져 있고 확률을 따르는 것이 아니라, 시공간 전체가 그러하다는 것이다. 그렇다면 확률을 따르는 시간이란 대체 무엇일까?

새로운 이론에 도달하기 위해서는 시간과 공간에 대한 우리의 일상적인 개념과는 동떨어진 새로운 생각의 도식을 그릴 필요가 있다. 시간이 계속해서 흐르는 연속적인 변수가 아닌 다른 무언가로 여겨지는, 시공간 알갱이의 확률운에 기반을 두고 있는 어떤 세계를 상상해야 한다.

이것이 바로 내가 대학교 4학년 때 발견한 해결되지 않는 기이한 문제이다.

나는 친구들과 학생운동에 대한 책(이를 달갑게 여기지 않았던 베로나 경찰에 끌려가 구타당하며 "공산주의자 친구들의 이름을 대!"라는 소리를 듣게 만들었던, 바로 그 책)을 쓰면서도 당시 시공간과 관련해 제시되었던 여러 시나리오들을 해석해보려고 애썼다. 그렇게 점점 이 주제에 깊이 빠져들기 시작했다.

이후 파도바 대학교에서 박사과정을 시작한 나는 내 연구 주제를 집중적으로 살펴봐주지 않더라도 가고 싶은 길을 계속 가도록 내버려두는 분을 지도교수로 선택했다. 여러 해에 걸친 논문 학기 동안 나는 오로지 양자중력 문제와 관련해 알려져 있는 모든 내용을 체계적으로 연구하는 데에만 시간을 쏟아부었다. 다른 박사과정 학생들이 이미 첫 번째 논문을 발표하기 시작할 때에도 나는 단 한 편의 논문도 내지 않은 채 3년의 논문 학기를 흘려보내고 있었다. 경력은 내 관심 밖이었다. 내 관심은 오로지 이 주제를 연구하고 이해하는 데 쏠려 있었다.

당시에는 이 문제를 해결할 만한 아이디어들이 거의 존재하지 않았을 뿐더러, 있다 해도 신생아 수준에 지나지 않았다. 그중 가장 가능성이 있었던 것은 말 그대로 '중력장의 완전한 양자화 방정식'인 '휠러-디윗 방정식'과 관련된 해결 방식이었다. 휠러-디윗 방정식은 일반상대성 방정식과 양자역학 방정식을 결합시킬 때 나오는 식이다. 하지만 여기에도 갖가지 문제점이 산재해 있었다. 수학적 관점에서 볼 때는 정의와 관련된 문제가 있었고, 물리학적 의미도 모호한 상태였으며, 이 방정식으로는 대단한 계산을 할 수도 없었다. 결국 수년 동안의 논문 학기 동안 내가 깨달은 것은 연구의 현재 상황이 매우 막막하다는 것뿐이었다.

그로부터 30년이 지난 지금, 많은 것이 변했다. 오늘날에는 양자중력 문제를 풀 수 있는 여러 해답들이 존재한다. 물론 아직 완벽하거나 완전한 합의를 얻은 해답은 없지만 말이다.

내가 그중 하나의 이론을 수립하는 데 참여할 수 있었던 것은 내겐 커다란 행복이자 행운이었다. 그것은 바로 루프 양자중력(loop quantum gravity), 이른바 '루프이론'이라고 불리는 이론이다.

제3장

루프이론의
탄생

논문 학기를 보내면서 나는 예전처럼 새로운 아이디어와 동료들을 찾기 위한 여행을 떠났다. 단, 이번에는 명확한 목표가 있었다. 양자중력, 시간, 공간 문제에 관심이 있는 이들을 만나고 싶다는 것이었다. 전 세계에서 활동하고 있는 양자중력의 대가들을 만나기 위해 나는 이곳저곳에서 자금을 모았다. 이탈리아 정부에서 제공하는 박사과정 해외연구지원금도 신청했고, 트렌토 대학 물리학과 게시판에 붙은 안내문을 보고 한 사립 재단에 연락을 취해 장학금도 받았다. 여기에 사비까지 털어 넣고 난 뒤, 나는 방문 예정이라는 편지 한 통만을 보낸 후(아직 이메일이란 것이 존재하기 전의 일이다.) 마침내 길을 떠났다.

런던과 시러큐스

나는 가장 먼저 크리스 아이셤을 만나러 갔다. 내게 양자중력에 대한 열정을 심어준 바로 그 논문의 주인공이었기 때문이다. 나는 그를 만나 런던 임페리얼 칼리지에서 두 달간 머물렀는데, 이곳에서 난생처음으로 이론물리학 분야 과학자들로 이루어진 활기찬 다국적 모임에 참여할 수 있었다. 넥타이를 맨 정장 차림의 젊은이들과 화려한 헤어밴드를 두른 맨발의 과학자들이 아주 자연스럽게 어울려 있었고, 온 세계의 언어와 인종이 뒤섞여 있었다. 모두들 지식에 대한 동일한 태도를 공유하면서 서로의 다름에서 오는 즐거움을 만끽하고 있었다. 내가 이전의 여행들에서 발견해 큰 감명을 받았던 히피 문화의 자유로움과 즐거움을 이곳에서 다시 한 번 발견할 수 있었다.

크리스 아이셤은 양자중력의 스승이었다. 그는 양자중력

에 대해 알려진 모든 내용을 알고 있을 뿐만 아니라 융의 정신분석학이나 신학 등 모든 주제에 해박한 지식을 가지고 있어서 다양한 주제를 유쾌하게 섞어가며 이야기할 줄 아는 사람이었다. 친절하고 온화한 품성을 지닌 그는, 모두에게 적절한 조언을 해주는 현자의 모습과 세상의 신비로움에 감탄하는 영원한 소년의 모습을 모두 가지고 있었다. 아이셤을 만난 나는 아직 흐릿하기만 한 나의 초기 아이디어들을 보여주고 그의 답변에 귀를 기울였다. 크리스 아이셤은 내 아이디어에 존재하는 모호한 부분과 오류들을 친절하게 짚어주었다. 나는 임페리얼 칼리지에 있는 양자중력에 대한 모든 자료를 복사해 읽고 또 읽었다. 그러고는 학교 근처에 있는 켄싱턴 공원을 한참동안 거닐면서 이렇게 얻은 새로운 지식들을 곱씹었다. 이 공원의 분위기에는 영원히 소년이고 싶은 피터팬의 마음이 깃든 듯한 신비로운 면이 있었다.

그러던 어느 날 크리스 아이셤이 내게 미국에서 연구 중인 아베이 아슈테카르(Abhay Ashtekar, 1949~)라는 인도 출신의 젊은 과학자가 아인슈타인의 일반상대성이론을 조금 다른 형태로 다시 기술하는 데 성공했다는 소식을 전해줬다. 아슈테카르가 세운 새 방정식을 통해 어쩌면 양자중력에 보다 쉽게 접근할 수 있을 것이라고 했다.

그래서 나는 뉴욕 시러큐스 대학교에서 연구하고 있다는 이 젊은 과학자를 만나기 위해 다시 한 번 사비를 털어 미국으로 떠났다. '시러큐스'라는 지명은 인류 역사상 가장 위대한 과학자 중 하나인 아르키메데스의 고향이기도 한 고대 그리스 도시 '시라쿠사'에서 기원했다. 그런 곳으로 간다는 것이 좋은 징조처럼 여겨졌다.

나는 시러큐스에서 아베이 아슈테카르를 만나 아직 발표되지 않은 새 방정식을 연구하면서 두 달의 시간을 보냈다. 아슈테카르는 에너지가 넘치는 사람이었다. 벌써 그를 중심으로 작은 연구팀이 꾸려져 있었고, 그는 섬세하고 끈질긴 성품으로 이 팀을 이끌고 있었다. 이들은 한 강의실에 모여 작지만 선명한 글씨로 칠판을 가득 메워가며 수많은 질문을 던졌고 논의를 통해 연구 내용을 끝없이 검토했다. 아슈테카르의 사고방식은 매우 분석적이었다. 이미 논증이 끝난 문제도 미세한 균열을 드러낼 때까지 다시 검토하였고, 그러면 이제껏 보이지 않았던 새로운 방향을 찾아낼 때까지고치고 가다듬기를 멈추지 않았다. 논리 속에 남아 있는 그 어떤 오류나 모호함도 용납하지 않았던 것이다. 아슈테카르는 신비로운 동서양의 조화를, 서로 다른 문명이 융합을 두려워하지 않을 때 탄생하는 새로운 형태의 지성을 보여주었다. 배움에 목말라 있던 나는 이 모임에 참여했다.

그러면서 나는 첫 번째 물리학 논문을 썼고, 양자중력과 관련된 학회가 열리면 지원금이나 초대장 없이도 꼭 찾아가 참석했다. 그중 캘리포니아 샌타바버라에서 열린 한 학회에서 아슈테카르의 일반상대성에 관한 새로운 형식화를 사용하고 있다는 미국의 젊은 과학자 리 스몰린(Lee Smolin, 1955~)의 존재를 알게 되었다. 그는 테드 제이콥슨(Ted Jacobson, 1954~)과 함께 휠러-디윗 방정식의 기묘한 해법을 찾아낸 인물이었다. 이 해법에 대해 알고 싶었던 나는 리 스몰린을 만나러 예일 대학교로 향했고, 우리의 오랜 우정이 시작되었다.

루프의 의미

예일로 출발하기 하루 전날, 이탈리아에서 한 통의 전화가 걸려왔다. 내 약혼녀였다. 그녀는 내게 이별을 고했고, 나는 절망했다. 모든 일정을 당장 취소하고 싶었지만, 취소하기엔 너무 늦은 상태였고, 결국 죽음을 맞이한 것과도 같은 마음으로 예일 대학교로 떠났다. 잔뜩 위축된 상태로 도착한 나는 리 스몰린을 찾아가 내가 연구해온 주제들을 설명하기 시작했다. 그런데 그때 갑자기 눈물이 쏟아졌다. 스몰린은 당황했다. 내가 이 이상행동의 이유를 설명하자, 그 역시 약혼녀와 결별했다는 이야기를 꺼냈다. 우리 둘은 물리학을 한쪽으로 제쳐둔 채 강가로 나가 오후 내내 보트를 타며 인생과 꿈에 대한 이야기를 나누었다.

이튿날, 스몰린은 테드 제이콥슨과 함께 찾아낸 휠러-디윗 방정식의 새로운 해법을 이해하기 위해 겪어야 했던 여러 어려움들을 설명해줬다. 스몰린의 사고방식은 아슈테카르와는 정반대였다. 스몰린은 앞만 보는 사람이었다. 그는 모호함을 돌파할 방법을 모색하면서, 무지의 벽 너머에 있을지 모를 무언가를 끊임없이 추측했다. 이상해 보이는 아이디어일지라도 조금도 망설이지 않고 모조리 시도했다. 수많은 추측을 벌여서라도 단 하나의 유효한 직감을 찾아낼 수 있다면 그만큼의 가치가 있다는 것이었다. 우주의 무한성을 최초로 주장했던 지오다노 브루노(Giordano Bruno, 1548~1600)나, 천체는 수정구에 박혀 있는 것이 아니라 수학적 궤도를 따라 돌고 있다는 사실을 최초로 밝혀낸 케플러 등 세상을 이해하는 새로운 방식을 제시한 여러 인물들과 마찬가지로, 스몰린 역시 몽상가의 기질을 가지고 있었다.

스몰린과 제이콥슨이 찾아낸 해법이 기묘했던 이유는 각각의 해가 공간 속에 존재하는 닫힌 형태의 곡선, 즉 '루프'를 보여주고 있었기 때문이었다. 이 루프들은 무엇을 의미할까? 예일대 캠퍼스에 모여 밤새도록 토론을 하며 이 문제를 계속 곱씹는 동안, 한 가지 아이디어가 떠올랐다. 이 루프들이 양자중력장에서 '패러데이의 역선'의 역할을 할 수도 있겠다는 사실이었다. 고전적 장에서의 역선은 연속적인 선의 형태지만, 여기서는 양자적인 이론을 다루고 있는 만큼 불연속적인 선들이 쓰이고 있을 것이다. 양자전자기이론의 전자기장을 구성하는 광자와 마찬가지로, 양자중력이론의 중력장 역시 서로 분리된 선들로 구성되어 있는 셈이다.

또한 공간은 중력장 그 자체이므로, 이 루프들이 공간 속에 있다고는 말할 수 없다. 결국 '루프 그 자체'가 공간인 것이다! 루프들이 공간을 구성하고 있는 것이다. 우리가 방정식을 통해 깨달은 사실은 바로 이것이었다. 오늘날 전 세계에서 수백 명이 넘는 과학자가 연구하고 있는 바로 그 '루프 양자중력'이론은 이러한 아이디어에서 탄생했다.

우리는 몇 주에 걸쳐 '루프'를 사용해 휠러-디윗 이론 전체를 열성적으로 다시 써 내려갔다. 이를 통해 본래의 방정식보다 더 명확하게 정의된 새로운 방정식을 얻을 수 있었고, 우리는 여기서 많은 해를 찾아내 그 의미를 해석하기 시작했다.

하나의 루프만으로 결정되는 방정식의 해는 우주가 다른 그 무엇도 아닌 오직 '공간 필라멘트'로만 짜여져 있음을 의미한다. 루프로 구성된 우주의 이론적 존재는 우주가 지닌 알갱이적인 특성, 즉 우주의 양자성을 확증해주는 첫 번째 요소이다. 그다음에는 각각 하나의 루프를 의미하는 해들을 겹쳐놓는 것만으로도 '충분히' 이 세계를 표현할 수 있다. 이 과정을 통해 유한한 수의 루프로 구성된 하나의 '직물'을 얻을 수 있다. 고전적인 개념의 장에는 패러데이의 역선이 무한대로 존재하지만, 양자중력장의 루프의 수는 유한적이다. 공간은 이렇게 일차원 물체인 루프들로 짜여 있으며, 이 루프들이 세 개의 차원상에서 서로 엮이면서 삼차원의 직물을 형성하게 된다. 티셔츠 표면도 멀리서 보기에는 매끄러워 보이지만 가까이에서 돋보기로 보면 실을 가닥가닥 셀 수 있는 것처럼, 공간 역시 우리 눈에는 연속적인 것으로 보이지만 매우 작은 차원에서는 각각의 루프를 셀 수 있게 된다.

질량이 있는 물체가 존재하지 않을 경우 루프들은 각각 닫힌 상태를 유지한다. 전자기장에서도 닫힌 형태였던 역선이 전하가 있으면 열리는 것처럼, 중력장의 루프들 역시 질량이 있는 물체 주위에서는 열린다. 물론 여기서 말하는 질량은 거시적인 의미의 질량은 아니다. 중력장 루프의 길이도 10^{-33}cm(플랑크 길이, 물리학적으로 성립 가능한 최소 단위)로, 원자핵보다도 수십억 배 더 작은 수준이다. 루프들로 이루어진 직물의 짜임새가 그 안에 존재하는 원자들의 결합보다도 더 촘촘한 셈이다. 루프들로 이루어진 직물로 만든 옷

이 있다면 원자 결합은 그 옷에 달린 커다란 진주 구슬처럼 느껴질 것이며, 만약 루프가 물 분자라면 원자 결합은 그 물 속에 있는 물고기 정도로 느껴질 정도이다. 이처럼 루프와 질량체 사이의 기본적 상호작용은 소립자 규모, 플랑크 길이 수준에서 일어나고 있다. 전자는 주위에 있는 루프를 열리게 할 것이고, 이런 전자를 비롯한 플랑크 규모의 모든 입자는 다수의 중력장 선들의 끝에 위치하게 된다.

결국 이 이론을 통해 공간의 양자화에 성공했다고 볼 수 있을 것이다. 공간의 알갱이화된 특성, 즉 불연속성을 확인할 수 있었기 때문이다. 그러나 나는 아예 공간이란 것이 더 이상 존재하지 않는다고 표현하고 싶다. 공간 대신, 입자들, 장들, 중력자의 루프들과 이들의 상호작용만이 존재하고 있을 뿐이다.

[그림3]은 공간의 미세구조를 도식화한 것으로, 루프들이 서로 엮여 있는 모습이다. 당시에 이 아이디어를 나타내는 모형을 만들기 위해서 베로나 시내에 있는 모든 열쇠가게에 들러 눈에 보이는 열쇠고리를 모조리 사 모으기도 했었다.

우리는 당시 열정 가득한 눈부신 시기를 보내고 있었다.

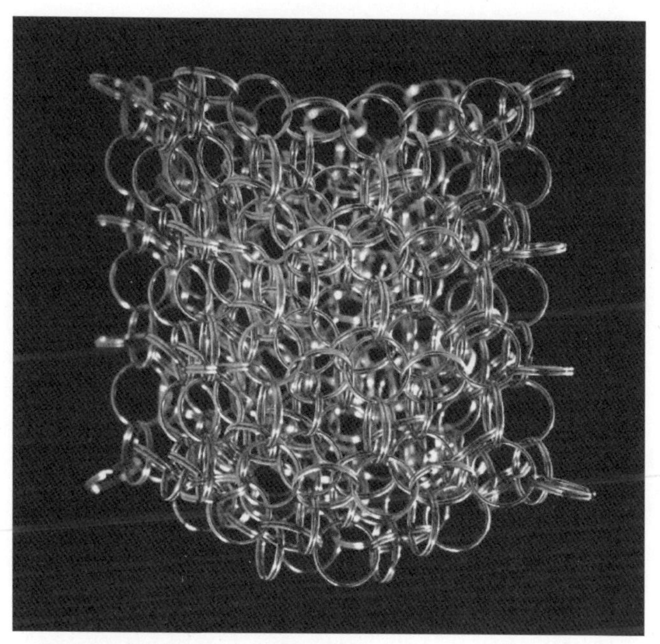

|그림 3| 루프이론이 추측하는 공간의 이미지
최소 단위 규모에서 바라본 공간은 작은 루프의 집합체이다.

우리는 몇 주 후 아슈테카르와 논의하기 위해 시러큐스로 건너갔고, 그 후 런던으로 가 아이셤을 만났다. 그리고 마침내 1987년 인도의 고아 지역에서 열린 학회에 참석해 처음으로 우리의 연구 결과를 공식 석상에서 발표했다. 루프이

|그림 4| 오래전, 루프에 빠져 있는 나

론이 '공식적'으로 탄생한 것은 바로 이 학회에서였다. 이 발표는 이내 많은 이들의 관심을 끌었고, 과학계로부터 긍정적인 평가를 받기 시작했다.

지성의 정직성

우리가 예일대에서 연구했던 내용은 스몰린과 나의 인생

을 바꿔놓았다. 당시 우리가 공동으로 발표했던 논문은 지금까지도 양자중력 분야에서 가장 많이 인용되는 논문 중 하나로, 이를 통해 우리는 이후 여러 기관에서 다양한 경력을 쌓을 수 있었다. 나와 스몰린의 우정은 지금까지도 변함없이 지속되고 있다. 이러한 우정은 우리가 처음에 함께 협력하며 연구를 진행했기 때문만은 아니다. 내 기억 속에 남아있는 인상 깊은 사건이 있었기 때문이다. 이 사건을 계기로 나는 스몰린에게 존경심을 갖게 되었다.

우리가 논문으로 발표할 수 있을 만큼 충분한 연구 결과를 얻었다는 결론을 내린 예일에서의 어느 날, 스몰린이 사뭇 진지한 얼굴을 하고 나를 찾아왔다. 우리 둘 다 이번 연구 결과가 매우 중요하다는 사실은 잘 알고 있었다. 그런데 스몰린은 갑자기 우리가 처음 연구를 시작하던 날, 자기를 찾아와 루프 형태로 표현된 양자중력 아이디어를 제안했던 것이 나였다는 말을 꺼냈다. 그러더니 일단은 나 혼자 짧은 논문 하나를 내서 아이디어의 원저자 자격을 지키고, 그다음에 공동으로 심화 내용을 함께 발표하자고 제안했다.

말도 안 되는 제안이었다. 내 초기 아이디어는 매우 모호했고, 스몰린의 도움이 없었다면 여전히 흐릿하고 무의미한 상태에 머물러 있었을 것이다. 하지만 스몰린은 내 상황을 염려하고 있었다. 나이도 어리고 직업도 없을뿐더러 과학계에서 전혀 알려져 있지 않았기 때문이었다. 그는 내 역할이 인정받을 기회를 빼앗고 싶어 하지 않았다. '우리'의 아이디어를 발표하는 자리에서 스몰린의 이름을 뺀다는 것은 너무 부당한 일이었기 때문에 나는 결국 그 제안을 사양했다. 그러나 스몰린이 보여준 이 너그러운 제안은 우리의 우정뿐만 아니라 과학 전체를 바라보는 나의 방식 자체에도 큰 영향을 주었다.

이후 여러 씁쓸한 경험들을 통해 배우게 된 것처럼, 과학계는 동화 같은 곳이 아니다. 아이디어를 도둑맞는 일은 다반사이다. 수많은 과학자들이 다른 사람의 아이디어를 빼앗거나 가장 중요한 공을 자신에게 돌리는 등 새 아이디어를 수립하는 최초의 인물이 되려고 기를 쓰고 있다. 이렇게 형성되는 불신과 의심은 인생을 갉아먹고 나아가 과학 연구의 발전을 심각하게 저해하게 된다. 실제로 내가 아는 과학자들 중에는 어떤 주제든 논문으로 발표하기 전까지는 연구 내용에 대해 한마디도 하지 않는 경우가 많다. 이것은 결국 과학의 정신 그 자체인 토론을 제한하고 과학자들의 관계를 멍들게 하는 결과를 낳는다.

하지만 스몰린은 단박에 불신은 필수가 아니라는 사실을 보여주었다. 그는 내게 과분할 정도의 절대적인 과학적 진실성을 표했다. 그는 과학에서 가장 중요한 것은 다른 이들과 더불어 탐구하고 연구하는 것이며, 무언가를 발견했을 때에는 그 공로를 함께 나누는 정직함과 관대함을 온전히 드러내야 한다는 것을 보여주었다. 이때의 교훈은 내게 큰 영향을 주었고, 나 또한 이를 따르기 위해 노력해왔다. 내 아이디어에 대해 궁금해하는 사람들에게는 아무것도 숨기지 않고 설명해주었으며, 모두의 동의를 얻을 수는 없었지만 어쨌든 나의 학생들에게도 그렇게 하도록 설득해왔다. 물론 그렇다고 아무 사건도 일어나지 않았던 것은 아니었다. 과학계에 있는 모두가 그러하듯, 나 역시도 의도적이든 그렇지 않든 아이디어들을 도둑맞은 적이 있었다. 반대로 내가 다른 이들과의 대화에서 영감을 받아 연구 결과를 내고 발표까지 마친 뒤에야 그 사실을 깨닫고 자책한 경우도 있었다. 계속해서 각자의 생각을 주고받아야 하는 이 세계에서는 생각의 출처를 잃어버리기도 쉽고 남에게서 들은 내용을 머릿속에서 변형해 자기 것으로 만드는 경우도 많다. 그럴 때는 보통 전화 한 통으로 문제를 바로잡을 수 있다. "그 이야기를 했던 게 나였는데 기억하니?" 그러면 상대는 곧 출처를 바로잡을 것이고, 평온을 되찾을 수 있다. 물론 이 세상은 완벽하지 않으며, 사람들의 부족함을 있는 그대로 받아들여야 할 필요도 있다. 하지만 나는 스몰린이 보여주었던 명확함과 정직함을 교훈 삼아 살아가고자 노력해왔다. 스몰린은 전적으로 신뢰할 수 있는 사람이며, 이것이 내가 그에게 우정과 존경을 표하는 이유 중 하나이다.

피츠버그로 건너가다

나는 이 이론을 발전시키는 데 몇 년의 시간을 쏟아부었다. 학위논문은 마친 상태였고, 이탈리아 국립핵물리학연구소(Instituto Nazionale di Fisica Nucleare)에서 장학금도 받을 수 있었다. 당시 나는 특정 기관에 소속되어 있지 않았던 터라 이 장학금으로 원하는 곳 어디든 갈 수 있었다. 나는 로마 사피엔자 대학교로 가기로 마음먹었다. 이곳이 이탈리아의 대학 중 과학 분야에서 가장 우수한 학교이기 때문이기도 했지만, 이탈리아어로 지혜를 의미하는 '사피엔자(Sapienza)'라는 학교 이름에서 풍겨나는 매력을 거부할 수 없었기 때문이기도 했다. 로마는 이탈리아의 가장 훌륭한 이론물리학자들이 모여 있는 곳이었다. 사피엔자 대학교의 학과장은 내게 지하에 위치한 책상 하나를 내주었고, 나는 여기서 세상을 잊은 채 몇 년 동안 새로운 이론에 푹 빠져들었다. 그러다 장학금이 거의 바닥나는 시기가 왔고, 그때까지 나는 새로운 연구 지원책을 찾지 못했다. 국립핵물리학연구소의 니콜라 카비보(Nicola Cabibbo, 1935~2010) 소장이 미국에서 발표했던 나의 연구 성과를 보고 정규 계약을 제공해주려고 애썼지만, 연구소 내의 정치적 상황이 바뀌면서 아무런 결론을 얻을 수 없었다.

나는 생활을 위해 모든 것을 절약해야 했고, 결국 여러 난관에도 불구하고 과학에 대한 나의 열정을 믿어주고 응원하며 가끔 용돈도 부쳐주시던 아버지께 도움을 청할 수밖에 없는 상황에 이르렀다. 힘든 시기였다. 물리학자가 되고 싶었지만, 내 경력은 난관에 빠져 있었다. 대학에서의 일자리는 거의 기대할 수 없었고, 특히나 내 연구 주제가 이탈리아에서는 아무도 관심을 갖지 않는 주제인 만큼 상황은 더욱 절망적이었다. 나는 내내 온통 불안하기만 했다.

하지만 가장 춥고 캄캄한 밤일수록 빛이 가장 밝게 보이는 법이다. 어느 날 갑자기 전화벨이 울렸다. 미국 어느 대학의 물리학과 학과장이라고 밝힌 그는 내게 교수직을 제안했다. 그곳은 바로 일반상대성이론의 가장 위대한 과학자 중 하나인 테드 뉴먼(Ted Newman, 1929~)이 재직하고 있는 피츠버그 대학교였다.

사실 처음에는 피츠버그 같은 미국 대도시에서 살아야 한다는 점이 그다지 달갑지 않았다. 그런데 매일 저녁 함께 트레비 분수 근처를 산책하던 친구에게 이 이야기를 하자, 그는 내게 이탈리아에서 무직이 되는 것이 미국에서 교수가 되는 것보다 낫다는 생각은 별로 현명하지 않은 것 같다고 지적했다. 내가 관심 있는 주제에 대해 연구할 자유를 얻으려면 이것이야말로 최고의 기회였던 것이다.

나는 마침내 피츠버그로 건너갔다. 그곳에서 10년을 머물며 테드 뉴먼을 비롯한 여러 과학자들과 함께 연구에 매진할 수 있다. 나는 양자중력과 일반상대성이론 등 여러 주제의 다양한 문제에 관심을 기울였으며, 특히 '루프이론'을 발전시킬 수 있었다.

제4장

시간과 공간 :
인간이 지닌 세계관의
기본 개념

피츠버그에서 나를 기다리고 있었던 가장 놀라운 일 중 하나는 과학역사철학연구소(Center for the History and Philosophy of Science)를 알게 된 일이었다. 아마도 미국에서 가장 큰 과학철학연구소일 이곳은 전 세계 곳곳에서 찾아온 이들이 다양한 생각에 대해 논의할 수 있는 굉장한 기관이었다. 늘 호기심이 많고 철학에 대한 관심도 많았던 나는 이 연구소에서 열리는 각종 세미나와 학회에 참석했고, 덕분에 아돌프 그륀바움(Adolf Grünbaum)이나 존 이어먼(John Earman) 같은 저명한 물리철학자들과 함께할 기회도 얻을 수 있었다. 이들은 시공간 문제에 관심을 가지고 있었고, 물리학자와 토론할 준비가 되어 있는 철학자들이었다. 그들과의 토론은 나에게도 시야를 넓힐 수 있는 훌륭한 기회이자 내 젊은 시절의 철학적 관심사로 돌아갈 수 있는 좋은 기회였다. 이곳에서 활발하게 주고받았던 대화들은 내 물리학 연구에 중대한 아이디어와 관점을 선사해주었다.

과학과 철학의 대화

나는 과학과 철학의 대화가 필요하다고 확신한다. 과거 철학은 과학의 발전, 특히 이론물리학의 핵심 개념의 발전에 매우 중대한 역할을 했다. 굵직한 사례만 생각해보더라도 갈릴레이, 뉴턴, 패러데이, 맥스웰, 보어, 하이젠베르크, 디랙, 아인슈타인 등은 모두 철학에 관심을 가지고 있었으며 만약 그들이 철학적 소양을 가지고 있지 않았다면 그토록 놀라운 개념적 발전을 이뤄낼 수는 없었을 것이다. 이러한 사실은 그들의 글에서 더욱 분명하게 드러나는데, 개념적, 철학적 문제들이 여러 질문을 제시하고 새로운 관점들을 열어주는 중대한 역할을 하기 때문이다. 철학적 관념이 지닌 직접적인 영향력은 뉴턴역학, 상대성이론, 양자역학의 탄생에서도 눈에 띄게 나타난다.

반면 20세기 후반 들어 기초물리학은 철학과의 대화로부터 멀어지기 시작했다. 당시 기초물리학의 문제들이 개념적 특성보다는 기술적 특성들을 가지고 있었던 것이 주된 원인이었다. 양자역학과 일반상대성이론으로 인해 막 새로운 영역이 열리던 때였다. 따라서 이 이론들의 결과와 응용 분야에 대한 연구가 우선적으로 여겨졌다. 양자역학으로 다져진 개념을 기반으로 원자물리학, 핵물리학, 입자물리학, 응집물질물리학 등이 발전하기 시작했고, 일반상대성이론으로 다져진 개념을 기반으로 천체물리학, 우주론, 블랙홀, 중력파 연구 등이 발전하기 시작했다. 그러나 최근 이 두 기초이론을 통합할 방법에 대한 연구가 시작되면서 현재의 물리학은 다시 한번 근본적인 문제에 직면하고 있는 상황이다. 나는 발전된 철학 인식이 다시 한번 필요한 때가 왔다고 생각한다.

방법론적 측면에서 볼 때도 그렇다. 과학자가 연구 방향을 결정하는 데에는 많든 적든 자신이 가지고 있는 인식론적인 아이디어로부터 영향을 받기 때문이다. 게다가 힘을 알 수 없는 선험적 방법론에만 끌려가기보다는, 스스로 의식하고 있는 편이 좋다.

한편 현대 과학에 더 많은 초점을 맞추고 있는 철학은 유럽보다는 영미권의 과학철학이다. 이탈리아에서 교육과정을 이수한 나로서는 유럽의 철학이 더 친숙하게 느껴지곤 하지만, 미국 생활을 마치고 유럽에 돌아와 보니 미국에서 다루었던 과학철학 문제들을 유럽 과학철학자들과 함께 논의하기란 쉬운 일이 아니었다. 물론 아주 불가능하지는 않았다. 피렌체 대학교의 마리사 달라 치아라(Marisa Dalla Chiara)나 페데리코 라우디사(Federico Laudisa)를 중심으로 한 연구팀이나, 파리 에콜 폴리테크닉의 미셸 프티토(Michel Petitot)나 미셸 비트볼(Michel Bitbol) 같은 훌륭한 과학철학자들과는 매우 흥미로운 토론을 나눌 수 있었다.

과학적 사고는 현대성을 기반으로 한다. 물론 유럽의 철학적 사고도 이제는 현대성과 완전히 동떨어져 있지 않다고 생각하지만, 인문학과 과학의 문화적 간극은 여전히 남아 있다. 예를 들어 유럽 대륙의 지식철학은 진리를 절대적으로 성립할 수 없는, 오로지 담론 내에서만 존재하는 개념으로 여기는 만큼 이런 막연한 관점을 과학적 담론과 조화시키는 데는 어려움이 있다.

이처럼 인문학계와 과학계 사이에 존재하는 서로에 대한 불신은 사회 전체가 가지고 있는 과학에 대한 이미지에도 영향을 미친다. 과학의 이미지는 지난 수십 년 동안 악화되어왔다. 한편에서는 과학을 여전히 '확립된 진리'로 여긴다. 따라서 과학은 필요에 따라 기준으로 삼을 수 있고, 떠받들어야 하며, 문제해결을 위한 기술적 교본이라고 여긴다. 반면 다른 한편에서는 과학이 정신적 가치를 부인하며, 나아가 우리 사회를 위협하고, 기술만능주의의 기반이자 전문가들의 근시안적 오만의 터전이며 프랑켄슈타인을 만들어낸 두려움의 원천이라고 비난한다.

이와 같은 과학에 대한 왜곡된 시각들은 결국 과학이 지닌 영향력을 축소시키고 비이성적 사고를 확대하는 결과를 낳는다. 심지어 우리 사회를 집어삼킬 위험이 있는 다문화주의와 반(反)과학주의 사이에 맺어진 일종의 연합에 힘을 보태주고 있는 실정이다. 실제로 미국 내 여러 지역(캔자스의 시골마을부터 캘리포니아에 이르기까지)의 학교에서는 더 이상 진화론이 옳다고 가르칠 수 없게 되었다. 문화상대주의라는 명목하에 진화론 교육이 법적으로 금지되었기 때문이다. 물론 과학이 틀리는 경우도 있으므로 성경적 진리보다 과학적 지식을 마땅히 더 지켜야 한다고 할 수는 없다. 그러나 최근 진화론 문제에 대해 질문을 받은 미국의 한 대선 후보는 정말 모든 생물이 공통의 조상을 가지고 있을지 '모르겠다'고 답하기도 했다. 지구가 태양 주위를 돌고 있는지, 태양이 지구 주위를 돌고 있는지는 알고 있는 걸까? 다행히 유럽은 아직 그 정도는 아니지만, 분명 긴장감은 커지고 있다. 이탈리아 정부도 최근 학교에서 창조론을 가르치는 방안을 찾고 있는 상황이다.

또한 17세기와 마찬가지로 의학의 발전에 따라 혼란이 일어나고 있다. 예를 들어, DNA에는 인간의 정체성과 영혼이 들어 있으므로 복제인간을 만들면 본래 인간의 영혼까지도 복제될 것이라는 비판을 찾아볼 수 있다. 이것은 크리스천 바너드(Christian Barnard, 1992~2001) 박사가 최초의 심장이식 수술에 성공했던 1960년대의 상황과 다를 바가 없다. 당시에도 겁에 질린 종교계와 언론이 A가 B의 심장을 이식받는다면 변함없이 자신의 아내를 사랑할지 과부가 되어버린 B의 아내를 사랑할지를 묻지 않았던가.(사랑은 당연히 심장이 하는 것일 테니 말이다.) 그러나 당시 의학계는 이런 어리석은 억측들 때문에 심장이식 연구를 멈추지 않았다. 반면 오늘날에는 애니미즘에 가까운 이러한 공포가 과학을 앞지르곤 한다. 이대로라면 머지않아 동일한 DNA를 공유하고 있다는 이유로 쌍둥이들을 악마로 여기는 것은 아닐까 염려스러울 정도이다.

'문화'를 만들고 기초지식을 추구하는 학문인 기초과학에 대한 투자는 곤두박질치고 있다. 사회는 더 이상 과학자들에게 '지식'을 요구하지 않고 있다. 그 대신에 판매할 만한 제품이나 무기를 개발하라고 요구하고 있다.

나는 이러한 모든 혼란이 합리적 사고가 지닌 힘에 대한 신뢰를 무너뜨리지 않기를 간절히 바란다. 과학에 대한 왜곡된 이미지는 분명 과학이 저질렀던 지난날의 잘못들과 연관이 있지만, 그런 과학은 아주 오래전부터 한계가 드러났으며 이제는 더 이상 사용되지 않는 일부일 뿐이다. 특히 뉴턴주의의 추락과 과학 이론의 제한적 수명에 대한 괴로운 고찰 이후에는 19세기 실증주의가 주장했던 '과학의 승리'라는 포장도 사라졌다.

반기술주의적이고 반과학주의적인 유럽 철학의 반응은 인문학과 과학이라는 '두 문화'를 분리하려는 어리석은 경향을 더욱 부추기고 있을 뿐이다. 인문학과 과학을 분리한다면 우리의 세계관이 지닌 복합적이고 다채로운 특성을 제대로 볼 수 없게 될 것이다.

과학에 대한 왜곡된 이미지와 과학은 동일한 것이 아니다.

그렇다면 과학이란 무엇인가?

20세기의 가장 위대한 과학적 발견은 그저 과학이 '틀릴 수 있다'는 사실을 깨달은 것일지도 모른다. 과학을 통해 발전된 세계관이 분명하고 정확한 의미에서는 '거짓'일 수 있다는 것이다. 따라서 우리는 이 세상에 대한 여러 해석을 가질 수 있으며, 각각의 해석들 역시 어느 정도까지만 진실이라고 여겨질 수 있다.

20세기 초, 사람들은 유효한 과학의 절대적 표본이었던 뉴턴의 개념적 도식이 항상 적용될 수는 없다는 사실을 깨달았다. 새롭게 관찰된 물리 현상들을 이해하기 위해서는 기존의 절대적 표본을 근본적으로 재검토해야 했다. 이러한 발견으로 인해 생겨난 충격파는 과학계 전체로 퍼져나갔다. 과학철학에는 특히 더 큰 영향을 미쳤다. 과학철학은 지난 반세기 내내 이러한 사실에 적응하는 데에 대부분의 시간을 쏟아부었다고 할 수 있을 정도이다.

그러나 나는 이처럼 세상을 과학적으로 표현하는 데 한계가 있다는 사실을 발견한 것이야말로 과학적 사고의 힘을 잘 보여주는 사건이라고 생각한다. 과학적 사고의 힘은 '실험', '수학', '방법론' 따위에서 나오는 것이 아니다. 그 힘은 과학적 사고의 특징, 즉 스스로에게 문제를 제기할 수 있는 능력에서 나온다. 이것은 자신이 확언한 내용까지도 의심할 수 있는 능력이며, 자신의 신념은 물론 가장 확실했던 신념까지도 두려워하지 않고 시험대에 올리는 능력이다. 과학의 핵심은 변화에 있다.

과학적 과정이란 세상을 이해하기 위한 더 나은 방식을 계속해서 추구하는 과정이다. 다양한 형태의 사고방식을 탐험하고, 바로 여기서 유효성을 끌어낸다. 과학이 내린 답이 항상 정답이라는 의미는 아니다. 하지만 과학적 사고가 적용되는 분야 내에서라면, 과학이 내린 답이 현재까지 찾아낸 것 중 가장 나은 답이라는 사실은 분명하다.

과학은 끊임없이 뒤바뀌고, 항상 앎과 의심 사이에 놓여 있으며, 기존의 결론에 만족하지 않고 계속해서 새로운 결론을 추구한다. 오늘날 과학이 지닌 이러한 유동적인 이미지는 19세기 과학의 이미지와는 완전히 다르다. 그럼에도 불구하고 과학을 오만한 학문으로 보는 과거의 시각이 아직도 널리 퍼져 있다. 게다가 자세히 들여다보면 반과학주의와 문화상대주의가 표적으로 삼고 있는 것도 과거의 이 오만한 과학이다. 실제로는 과학만큼 문화의 상대성을 잘 알고 있는 학문도 없다. 과학이 끊임없이 변화하고 있는 것도 모든 지식이 지니고 있는 한계성을 확실하게 인지하고 있는 덕분이다. 과학의 힘은 과학적 개념에 대한 불신에서 나온다. 과학은 결코 과학이 내린 결론을 전적으로 신뢰하지 않는다. 과학은 우리가 지식이라는 매우 취약한 기반 위에서만 세상을 이해할 수 있다는 것을 알고 있다. 그러나 이 기반은 계속해서 변화하고 있다.

과학 전체는 지도 제작사에 비유될 수 있다. 분명 지도가 토지 그 자체인 것은 아니지만, 토지를 표현하는 최선의 방법인 것은 맞다. 특히 그 지역을 여행하려고 한다면 더욱 그렇다. 지도 부호로 이 세상의 대부분을 기호화할 수 있으며, 부호 몇 개만으로도 지도는 의미를 가지게 된다. 그러나 지도는 지도일 뿐이다. 또한 다양한 지도가 있을 수도 있다.

그러므로 나는 진짜 흥미로운 것은 세상에 대한 과학적 표현이 아닌, 그러한 표현이 끊임없이 '변화'한다는 사실이라고 생각한다. 과학을 통해 얻은 놀라운 발견들이 아니라, 스스로 내린 결론을 의심하고 세계관은 시간이 흐르면 변할 수 있다는 것을 알려주는 마법 같은 사고방식이야말로 진정으로 흥미로운 부분이다.

공간의 역사

이 책에서 이야기하고 있는 공간 개념과 시간 개념의 변화 역시 과학을 구성하는 지속적인 변화의 사례 중 하나이다. 우리가 지닌 세계관의 기본 개념이기도 한 이 두 개념은 아인슈타인에 의해 한 차례 변화를 겪었으며, 오늘날에도 계속해서 변화하고 있다.

그러나 이러한 개념적 변화는 현대 과학에서만 나타나는 특수한 현상은 아니다. 우리의 세계관을 근본적으로 바꾼 것은 아인슈타인이 처음은 아니었다. 아인슈타인 이전에도 수많은 인물들이 세계관을 혁신적으로 바꾸어놓은 적이 있다. 코페르니쿠스와 갈릴레이는 전 인류에게 지구가 1초에 30km를 이동한다는 사실을 알려주었고, 패러데이와 맥스웰은 공간이 전자기장으로 가득 차 있다는 것을 밝혀냈으며, 다윈은 인간과 무당벌레가 공통의 조상을 가지고 있다고 했다.

그런데 인류의 세계관이 처음 변화한 것은 이보다도 한참 전의 일이다. 나는 최근에 일어난 공간 개념의 변화가 지닌 의미를 진정으로 이해하기 위해서는 이러한 변화의 역사적 맥락을 고려해야 한다고 생각한다. 그러므로 이 위대한 이야기의 처음으로 돌아가보고자 한다.

고대 문명에서는 이 세상이 두 부분, 즉 아래에 있는 땅과 위에 있는 하늘로 구성되어 있다고 보았다. 이집트 문명, 히브리 문명, 메소포타미아 문명, 중국 문명, 초기 인더스 문명을 비롯해 마야 문명, 아즈텍 문명, 북미 인디언 문명에 이르기까지, 모든 고대 문명이 동일한 세계관을 가지고 있었다. 따라서 고대 인류에게 공간이란 자연스럽게 '위'와 '아래'로 구성될 수밖에 없었다. 또한 당시 사람들은 모든 사물이 위에서 아래로 떨어지는데도 불구하고 지구가 '아래'로 떨어지지 않는 것은 또 다른 땅이나 거대한 거북, 기둥 따위의 견고한 무언가가 밑에서 지구를 받치고 있기 때문이라고 생각했다.

이러한 세계관을 바꾼 최초의 인물이 바로 아낙시만드로스(Anaximandros, 기원전 610~기원전 546)이다. 아낙시만드로스는 기원전 6세기의 인물로, 오늘날의 터키 해안에 위치해 있는 그리스 도시 밀레도에 살았던 과학자이자 철학자이다. 그는 눈에 보이는 이 세계에 대한 새로운 해석을 제시하고 이 해석을 모두에게 주장했다. 즉, 하늘은 위에만 있는 것이 아니라 아래를 포함해 지구 전체를 둘러싸고 있으며, 지구는 공중에 떠있는 '거대한 돌'이라는 것이었다.

아낙시만드로스는 지구가 공중에 떠 있는 유한한 규모의 돌이라는 사실을 어떻게 알았던 것일까? 잘 생각해보면 힌트가 없었던 것은 아니다. 예를 들어, 태양과 달과 별들이 모두 서쪽으로 사라졌다가 다시 동쪽에서 떠오른다는 사실만 생각해봐도, 행성들이 지구 '아래'로 원을 그리며 지날 것이라는 사실이 꽤나 분명하지 않은가? 그리고 정말 그렇다면 지구 아래에도 빈 공간이 있어야 하지 않겠는가? 여기서 사용된 아낙시만드로스의 직감은, 어떤 사람이 집 뒤편으로 사라졌다가 반대편에서 나타난다면 집 뒤뜰을 통과했으리라 추측하게 되는 직감과 동일한 것이었다. 이것보다는 알아차리기 어렵지만 제법 설득력 있는 힌트들도 있었다. 예를 들어 월식이 이루어지는 동안 달에 지구의 그림자가 비친다는 사실 역시 지구가 유한한 물체라는 것을 보여준다.

그러면 이런 힌트들이 있었으니 전혀 어렵지 않게 새로운 세계관을 찾았을 것이라고 말할 수 있을까? 그렇지 않다. 전혀 쉽지 않았다. 여러 문명을 아우르는 수세기 동안 수백만 명이 넘는 사람들 중 그 누구도 이런 생각을 한 적이 없었다. 그런 생각을 떠올리는 것이 왜 어려웠을까? 그 생각은 기존의 세계관 자체를 근본적으로 바꾸는 것이었기 때문이다.

인간은 각자의 생각에 매여 있으며 그 생각을 쉽사리 바꾸려 하지 않는다. 인간은 늘 자신이 모든 것을 알고 있다고 생각한다. 이러한 믿음을 무너뜨리는 새로운 아이디어들은 두려운 존재일 수밖에 없다. 생각해보면 밑에서 지구를 받치고 있는 존재는 없다는 주장이 그들에게는 얼마나 황당했겠는가? 그럼 지구는 왜 떨어지지 않는단 말인가? 실제로 아낙시만드로스에게도 당연히 이러한 질문이 돌아왔다. 하지만 우리는 그 답을 알고 있다. 왜냐하면 물체는 '아래'로 떨어지는 것이 아니라, '지구'를 향해 떨어지는 것이기 때문이다. 따라서 지구는 자기 스스로에게 향하는 것이 아닌 이상 그 어떤 방향으로도 떨어지지 않는다. 우리가 오늘날 가지고 있는 세상에 대한 이해를 기준으로 볼 때 아낙시만드로스의 주장이 옳다는 것을 한 번 더 확인할 수 있다. 하지만 그 당시에 이것은 당황스러운 주장이었다. 아낙시만드로스는 공간과 지구에 대한 개념, 그리고 물체를 떨어지게 하는 힘인 중력에 대한 인간의 관념적 틀을 완전히 다시 그렸다. 그는 관찰을 기반으로 삼고, 관찰 결과를 설명하기 위해 새로운 세계관과 기존과 전혀 다른 개념적 도식, 공간의 구조에 대한 매우 독창적인 아이디어를 제시했다. '위'와 '아래'로 나눠진 두 공간이 존재하는 것이 아니라 우주라는 단 하나의 공간만이 존재하고, 지구 역시 그 공간 안에 떠 있는 것이며, 지구상의 모든 사물들은 지구를 향해 떨어진다는 것이다. 이것은 기존의 세계관보다 훨씬 더 보편적이고 더 나은 관점이었다.

아낙시만드로스는 책을 통해서도 이러한 세계관을 주장하고 여러 논거도 제시했다. 그가 주장한 새로운 아이디어는 천천히 정착되어갔다. 그다음 세대라고 할 수 있는 이탈리아 남부 그리스 도시의 피타고라스 학파는 지구가 하늘로 둘러싸인 구형(球形)이라는 아이디어를 바로 일반화시켜 사용하기 시작했다. 또한 현존하는 문헌 중 구형 지구에 대해 서술하고 있는 가장 오래된 책인 플라톤의 《파이돈(Phaidon)》도 그 이후에 출간되었다. 단, 이 책에서는 구형 지구의 아이디어가 믿을 만한 주장이긴 하지만 아직 완벽하게 확인되지는 않았다고 소개하고 있다. 반면 아낙시만드로스보다 한 세기 후에 등장한 아리스토텔레스는 공간 속에 떠 있는 구형 지구에 대한 아이디어를 확실한 사실이라고 여겼으며, 이를 뒷받침할 만한 설득력 있는 많은 논거를 제시했다. 아낙시만드로스에게서 시작된 혁신적인 아이디어가 세대를 거치면서 사회의 통념이 되었고, 고대 그리스로부터 전 인류에게로 퍼져나간 것이다.

내가 보기에 아낙시만드로스는 우리가 알고 있는 최초의 과학자 중 하나일 뿐만 아니라, 인류가 낳은 가장 뛰어난 인물 중 하나이다. 공간 속에 떠 있는 지구의 모습을 상상해낸 그의 역량은 어쩌면 과학이 무엇인가를 보여준 최초의 사례이자 가장 훌륭한 사례일 것이다. 과학이 관찰과 합리적 사고를 기반으로 세계관을 송두리째 바꿀 수 있다는 사실을 보여줬기 때문이다. 과학은 확립된 관념과 설명에 의문을 제기할 수 있으며, 더 효율적인 대안을 찾아낼 수 있는 능력을 가지고 있다. 그리고 나는 과학이 지닌 바로 이 몽상의 힘에 늘 매료되곤 한다.

새로운 세계관은 확인이 되면 서서히 새로운 문화로 자리 잡게 된다. 견고하고 균일한 공간이 존재한다는 기존의 공간 개념 역시 이제는 우스꽝스러운 것이 되었다. 현재는 질량이 있는 물체에 가까워질수록 공간의 구조가 바뀐다는 관점이 사회적 통념으로 자리 잡았기 때문이다. 지구 밑에서 무언가가 지탱하고 있기 때문에 지구가 떨어지지 않는 것이라는 주장이 이제 바보 같은 소리가 된 것과 마찬가지이다.

이처럼 끊임없는 재구성의 과정 속에서 이 세상의 물질 그 자체는, 보다 엄밀히 말하자면 이 물질에 대한 사고방식은 계속해서 변화해왔다. 아낙시만드로스는 세상의 물질에 대한 탐험을 시작했던 장본인이기도 했다. 그는 세상의 모든 현상을 설명하기 위해 '아페이론'(apeiron, 이 단어의 뜻에 대해서는 '구별이나 규정되지 않는 것'으로 보는 의견도 있고 '무한한 것'으로 보는 의견도 있다.)이라는 개념을 제시했다. 아페이론은 실재를 구성하는 '기본 벽돌'로 여겨진 최초의 이론적 객체로, 원자, 소립자, 물리적 장, 구부러진 시공간, 쿼크, 끈, 루프 등 오늘날 우리가 우리 눈에 보이는 세상을 재구성하기 위해 사용하는 모든 개념들의 조상이 되는 개념이다.

그러므로 완전히 새로운 세계관을 가져다주는 과학의 혁명적 진보는 아인슈타인이 처음 만들어낸 것이 아니었다. 혁명적 진보는 거대과학(big science)의 특징일 뿐이다. 조금 과장해서 말하자면, 아인슈타인의 혁명적 진보가 특별했던 '유일한' 이유는 그것이 뉴턴 이후 기존의 이론에 취해 일종의 혼수상태에 빠져 있었던 기초과학계를 흔들어 깨웠기 때문일 것이다.

관계인가 개체인가?

우리 생각과 달리, 사실 아리스토텔레스 이후 뉴턴 이전까지의 공간 개념은 세상의 사물들 그 자체에 의해 공간이 조직되고 형성된다고 보는 것이 지배적이었다. 공간을 사물들이 서로 인접하며 생기는 질서이자 관계라고 보았던 것이다. 전통적인 과학과 철학의 시각에서도 공간과 사물이 독립적으로 존재한다고 보는 뉴턴의 '절대공간'은 지배적인 공간관과는 거리가 멀었다.

뉴턴은 독립적인 개체로 존재하는 절대적 상자 공간의 개념을 주장하며 당대 사상의 거센 저항에 맞서야 했다. 아리스토텔레스 학파의 반대는 물론이거니와, 근대의 코페르니쿠스적 전환을 신봉하고 데카르트를 정신적 스승으로 여기던 '새로운 과학(Scientia Nova)'주의자들의 반대도 거셌다. 데카르트의 공간 개념은 아리스토텔레스 이후 지속되어온 서구의 전통적 공간 개념의 연장선상에 있는 것으로, 실제로 뉴턴의 절대공간과는 전혀 다른 관점이었다. 아리스토텔레스와 마찬가지로 데카르트 역시 '공간'이라는 개념은 존재하지 않는다고 보았다. 이를테면 빈 공간이란 것도 따로 존재하지 않는다. 존재하는 것은 오로지 사물들(돌, 별, 의자, 공기, 물 등)뿐이다. 사물들은 서로 인접 관계에 있으며(맞닿아 있거나 이웃한 경우), 관계를 통해 각 사물 간의 질서가 규정되고, 이 질서가 공간을 구성한다는 것이다. 일례로 아리스토텔레스는 한 사물의 위치는 곧 그 사물을 둘러싸고 있는 다른 사물들의 집합과의 경계를 의미한다고 정의했다. A의 위치는 B에 의해 정의되고, B의 위치는 A에 의해 정의되므로,

이때의 위치는 근접한 주변 사물들에 의해 표현되는 일종의 '암시적' 위치이다. 데카르트 역시 A의 움직임이란 B와의 인접 관계에서 C와의 인접 관계로 바뀌는 것이라고 규정했다. 따라서 만약 존재하는 사물이 단 하나뿐이라면, 이때는 이 사물의 움직임에 대해 이야기할 수 없다.

반면 뉴턴은 모든 사물들이 공간의 내부에 위치해 있다고 본다. 공간은 고유한 구조를 가지고 있으며, 공간 안에 존재 또는 부재하는 사물들과 공간 그 자체는 아무런 관련이 없다. 사물의 움직임도 공간 속의 한 지점에서 다른 지점으로 옮겨가는 것을 의미한다. 결국, 아리스토텔레스와 데카르트는 공간을 하나의 개체가 아닌 '사물 간의 관계'로 보았고, 뉴턴은 공간이란 사물이 하나도 없는 상황에서도 항상 존재하며 고유의 구조를 가진 하나의 '개체'로 보았던 것이다.

두 관점 중 하나를 선택하는 것은 과학적인 문제일까 철학적인 문제일까? 나는 이것이 과학적 문제라고 생각한다. 하지만 그 이유가 과학이 공간에 대한 '올바른' 시각을 제시하기 때문은 아니다. 그보다는 과학이 두 관점 중 세상에 대해 보다 더 효율적으로 생각할 수 있게 해주는 것은 어느 쪽

인지를 알려주는 역할을 하기 때문이다. 여기에는 과학적 진술의 진리 문제의 핵심이 있다. 뉴턴은 첫 파트 전체를 공간의 특성에 대한 서술에 할애한 대표적인 저서 《자연철학의 수학적 원리(Philosophiae Naturalis Principia Mathematica)》, 일명 《프린키피아》를 통해 공간 개념의 문제에 맞섰다. 뉴턴의 해법이 결국 최선일 수밖에 없었던 이유는 그가 자신의 공간 개념을 바탕으로 세상을 표현하는 방식을 수립했고 이 방식이 놀라울 정도로 세상과 꼭 맞아떨어졌기 때문이었다.

누구나 고등학교 물리학 시간에 배운 한 방정식을 기억하고 있을 것이다. $F=ma$. 여기서 F는 힘, m은 질량, a는 가속도를 의미한다. 이 방정식은 모든 뉴턴역학의 기초이다. 그런데 이 방정식을 사용하기 위해서는 반드시 가속도를 측정할 수 있어야 하고, 가속도를 측정하기 위해서는 사물의 움직임을 측정해야 한다. 움직임의 기준은 무엇인가? 사물이 속해 있는 절대공간이 기준이 될 것이다. 즉, 이 방정식이 성립하기 위해서는 한 물체가 절대공간 안에서 가속하여 움직이는가에 대해 '반드시' 말할 수 있어야 한다. 뉴턴에게 가속도는 '공간'이라는 개체와 물체의 비교를 통해 얻을 수 있는 것이지만, 아리스토텔레스나 데카르트에게 절대적 가속도라는 개념은 아무런 의미가 없다. 다른 물체와 비교하지 않고서는 어떤 물체가 움직인다고 말하는 것 자체가 불가능하기 때문이다.

뉴턴의 이론은 지금까지도 건축, 교각 건설, 비행기 이륙 등 수많은 기술 분야에 응용되고 있을 정도로 잘 작동하는 이론이다. 하지만 고트프리트 라이프니츠(Gottfried Leibniz, 1646~1716), 조지 버클리(George Berkeley, 1685~1753), 에른스트 마흐(Ernst Mach, 1838~1916) 등의 사상가들은 계속해서 아리스토텔레스와 데카르트의 공간 개념처럼 공간을 관계로 보는 기존의 관점을 주장했고, 공간을 개체로 보는 뉴턴의 관점에 끊임없이 비판을 가했다. 그리고 공간을 관계로 보는 아이디어는 이들을 통해 아인슈타인에게까지 이어졌고, 아인슈타인은 이것을 일반상대성이론의 기반으로 삼았다.

두 종류의 공간 개념을 둘러싼 철학적 논쟁은 수백 년간 계속되었다. 그동안 이 논쟁은 뉴턴과 아인슈타인을 비롯한 많은 과학자들에게 생각할 거리와 새로운 영감을 제공했고, 이러한 잠재력은 지금까지도 이어지고 있다. 나는 오늘날 중력의 양자적 특성을 파악하기 위해서는 다시 한 번 공간 개념의 문제를 고찰할 필요가 있다고 본다. 양자중력에 대한 완벽한 이론을 수립하기 위해서는 먼저 공간을 개체로 보는 뉴턴의 관점을 완전히 버려야 할 것이다. 공간이라는 개별적 개체가 아닌, 여느 장과 다를 바 없는 중력장이 존재한다고 봐야 한다. 양자중력에서는 바로 '루프'가 이러한 중력장의 양자 역할을 하며, 이 루프들 간의 관계가 공간을 구성한다.

우리가 알고 있는 것

따라서 비판적 사고는 과학의 기반 그 자체이다. 즉, 우리의 세계관이 항상 부분적이고 주관적이며 불확실하고 조악하며 단순하다는 사실을 인식하는 것이다. 더 나은 이해를 추구하여 새로운 지평을 열고 보다 넓은 시각을 가질 수 있도록 끊임없이 노력해야 한다. 이것은 쉬운 일도, 자연스러운 일도 아니다. 인간은 늘 자신의 생각에 갇혀 있기 때문이다. 그러니 스스로의 생각에서 벗어나는 것 또한 불가능하다. 우리는 스스로의 생각을 외부의 관점으로 바라보고 고칠 수 없으며, 오류 안에 있으면서 오류가 '어디'에 발생했는지를 찾아내야만 한다. 이것은 배에 타 항해를 지속하면서 선체를 수리하는 것과 마찬가지이다. 결국 과학이란, 생각을 지속하는 동시에 그 생각을 재구성하기 위한 끊임없는 노력인 셈이다.

여러 형태의 인류의 지식 중 신뢰할 만한 '예측'을 가능하게 하는 것은 과학이 유일하다. 천문학자들이 다음 달에 일식이 일어난다고 발표하면, 우리는 그 발표를 믿는다. 물론 그때 중성자별이 광속에 가까운 속도로 나타나 달을 밀어낼 수도 있겠지만 그럴 확률은 매우 희박하다.

하지만 모든 과학 이론은 언제든지 더 나은 이론으로 대체되어왔다. 가장 효율적이라고 여겨졌던 이론들도 마찬가지였다. 예를 들어 프톨레마이오스가 제시한 천동설 모형은 놀라울 만큼 효율적인 이론이었다. 심지어 19세기가 지난 지금도 프톨레마이오스의 책에 기록된 표와 기하학을 이용해 금성의 다음 달 위치를 정확하게 예측할 수 있을 정도이다. 그럼에도 불구하고 천체가 지구를 중심으로 돌면서 '주전원'과 '이심원'을 그린다는 프톨레마이오스의 주장은 이 세계를 정확히 표현하지 못했다. 다른 예로 뉴턴의 이론을 들 수 있다. 뉴턴 이론은 더 큰 성공을 거둔 매우 효율적인 이론으로, 지금까지도 교각 건설, 비행기 제조 등 각종 엔지니어링 분야에서 사용되고 있다. 그러나 뉴턴 이론 역시 고도로 세밀한 수준을 다룰 때는 부정확하게 나타난다.

어떻게 이토록 불완전한 상태로 살아갈 수 있는 것일까? 어떤 지식을 신뢰해야 하는 것일까? 과학이 보여주는 세상이 사실이라고 확신할 수 없다는 말이 아닌가. 모든 것이 혼란스러워 보인다. 물론 최후의 세밀한 부분까지도 정확하게 들어맞는 '궁극적'인 이론이 언젠가는 수립될 것이라고 기대해 볼 수는 있다. 하지만 나는 이것이 헛된 꿈일뿐더러, 그런 꿈을 꾸기에는 아직 시기상조라고 생각한다. 최종 목적지에 가까워지고 있다고 보기에는 여전히 우리가 지닌 무지의 범위가 너무 넓고, 이론물리학의 근본적인 문제들이 미

해결 상태로 남아 있기 때문이다

그럼에도 과학을 믿을 수 있는 이유는 무엇일까? 그 이유는 과학이 확실한 진리를 이야기하고 있기 때문이 아니라, 우리가 현재 가지고 있는 여러 답 중 가장 나은 것을 해답으로 제시하기 때문이다. 그리고 기존의 것보다 더 나은 답이 나온다면 당연히 그것이 곧바로 '과학적'인 답이 된다. 실제로 20세기까지는 뉴턴 물리학이 '과학'적인 것으로 여겨졌지만, 아인슈타인이 구부러진 공간, 변화하는 시간, 광자로 구성된 빛 등의 이론을 내놓자 '뉴턴주의'는 끝을 맞이했다. 그러나 이것이 곧 과학의 종말로 여겨지지는 않았다. 오히려 그때부터는 아인슈타인이 훌륭한 과학자로 여겨지기 시작했다.

만약 티벳의학에서 사용하는 특정 식물이나 기술, 의학적 행위가 치료에 도움을 준다는 것이 확인되고 경험을 통해 그 효율성을 확인할 수 있다면 그것 역시 '과학적' 의학의 일부가 될 것이다. 실제로 현대 의학에서는 원래는 서구 문화에 포함되지 않았던 약제를 이제 의학적 치료법으로 인정한 경우가 적지 않다.

이처럼 과학적 사고란 우리의 무지를 의식하는 것이다. 나는 한발 더 나아가 과학적 사고란 우리의 무지가 얼마나 방대하고 우리의 지식이 얼마나 역동적인지를 의식하는 것이라고 본다. 우리를 전진할 수 있게 하는 것은 확신이 아닌 의심이다. 그리고 바로 이 의심은 데카르트가 남긴 뿌리 깊은 유산이기도 하다. 과학을 신뢰해야 하는 이유는 과학이 확신을 주기 때문이 아니라, 오히려 불확실하기 때문이다.

나는 공간의 모습이 '실제'로 일반상대성이론에서 주장하는 것처럼 휘어 있는지는 알 수 없다. 하지만 현재로서 공간이 휘어져 있다고 여기는 것보다 더 효율적인 물리학적 세계관을 찾지 못했다. 다른 세계관들은 이 세계의 복잡성을 그만큼 잘 설명해주지 못하기 때문이다.

그러나 모든 진리를 강박적으로 의심한다고 해서 과학이 곧 회의주의나 허무주의, 극단적인 상대주의인 것은 아니다. 과학은 지식이 계속해서 변화한다는 사실을 의식하게 할 뿐이다. 또한 진리가 불확실하다고 해서 우리가 합의를 내릴 수 없는 것은 아니다. 사실 과학은 합의에 이르게 되는 과정 그 자체인 것이다.

한편 이러한 모험은 합리성에만 기반을 두고 있지는 않다. 물론 과학적 모험을 공식화하기 위해서는 합리성이 반드시 필요하다. 하지만 위대한 과학적 발견들은 직관에서 나온 경우가 많다. 과학은 꿈에서 출발하고, 그 꿈이 지배적인 기존의 꿈들보다 더 효율적이라는 것이 밝혀질 때 이는 비로소 전 인류의 공통의 꿈이 된다.

어린 시절, 아버지는 구름이 뭐냐고 묻는 내게 구름이란 하늘을 떠다니는 배라고 답해주셨다. 그리고 세월이 지나 어느 날 아버지는 구름이란 공기 중에 정지해 있는 작은 물방울들로 이루어진 것이라고 설명해주셨다. 이 설명은 구름에 대한 내 기존의 관점을 완전히 바꾸어놓았다. 하지만 하나의 관점이 다른 관점을 밀어낸다고 말할 수 있을까? 그렇지 않다. 이 관점들은 모두 공존할 수 있으며 서로를 풍요롭게 만들 수 있다. 구름에 대한 기상학적 관점이 결코 시적인 관점을 가로막을 수는 없는 것이다.

과학은 마치 철을 정제하듯 정답을 찾아내는 방법을 조금씩 다듬어가는 일련의 과정이다. 네 살짜리 아이처럼 끊임없이 질문을 던지는 지칠 줄 모르는 태도가 없다면 이 과정은 존재할 수 없을 것이다. 과학은 학교에서 시작되는 것이 아니다. 과학은 어린아이 같은 호기심과 배움에 대한 욕구에 뿌리를 두고 있다. 네 살 때의 우리는 선입관을 버리는 데 주저하지 않았고 새로운 세계관을 두려워하지 않았으며 아주 빠른 속도로 세상을 배워가지 않았던가.

무수히 많은 선입관을 두려움 없이 버릴 수 있다면 이 사회도 계속해서 배움을 얻을 수 있을 것이다. 지식의 추구는 끊임없는 모험이다. 어쩌면 인류 역사의 가장 위대한 모험일 것이다.

제5장

블랙홀이라는 이상한 '시간펌프'

나는 미국에 머무르는 동안에도 해마다 여름이 되면 이탈리아에 다녀왔다. 늘 아슈테카르나 스몰린, 또는 두 사람 모두와 함께였다. 아슈테카르와 스몰린은 나의 가장 중요한 공동 연구자이자 친구였다. 우리는 이탈리아에서 보내는 여름휴가 동안에도 연구에 매진했다.

실제로 우리 이론의 여러 부분이 이탈리아에서 완성되었다. 예를 들어 거시적 공간을 표현하는 수많은 루프들의 연결 방식도, 끝없는 계산을 통해 예상대로 루프가 아주 작기는 해도 무한히 작은 것은 아니라는 사실도 트렌토 지역에서 휴가를 보내면서 알게 된 것들이었다.

그런데 이 고리에는 끝끝내 이해할 수 없는 이상한 면이 있었다. 공간을 이루고 있는 루프들이 수학적인 차원에서 볼 때 서로 '교차'하고 있다는 사실을 발견한 것이다. 여러 루프들이 특정 지점을 서로 지나고 있는 것 같았다. 즉, 루프들이 서로 엮여 있는 [그림3]의 모습을 기준으로 볼 때, 마치 루프망이 팽팽하게 당겨져서 루프들이 서로 접해 있는 교차점이 생기고 이 교차점이 용접되어 있는 듯한 모양인 것이다. 루프들은 얽혀 있는 것이 아니라 서로 연결되어 있는 셈이다. 바로 이 교차점이 의미하는 것을 우리는 이해할 수 없었다.

스핀 네트워크

그러던 중 1990년대 중반, 베로나에 머무르던 나와 스몰린은 꽤 고전적인 계산법 덕분에 연구를 이어갈 수 있었다. 앞에서 살펴본 바와 같이 양자역학에서는 많은 물리량이 '양자화'된다. 이것은 물리량이 무작위 값을 가지는 것이 아니라 불연속적인 특정 값들을 가진다는 것을 의미한다. 어떤 물리량이 가질 수 있는 값을 파악할 때는 연산자의 스펙트럼을 계산한다. 우리는 여기서 '부피'라는 특정 물리량에 관심을 가졌다.

부피란 무엇인가? 부피는 공간의 크기이다. 어떤 방의 부피는 그 방 안에 담겨 있는 전체 공간의 양을 의미한다. 그런데 공간은 곧 중력장이므로 부피는 결국 중력장의 크기이다. 또한 우리는 양자이론을 다루고 있었으므로 부피 역시 불연속적인 값, 즉 '부피 알갱이'를 가지고 있을 확률이 매우 높다고 보았다. 이것을 확인하기 위한 계산법은 매우 복잡했다. 이 문제를 풀기 위해 우리는 영국의 뛰어난 수학자인 로저 펜로즈(Roger Penrose, 1931~)의 도움을 받았다. 그의 도움을 받기로 한 것은 우리가 하려는 계산이 로저 펜로즈가 20년도 더 전에 발표했던 '스핀 네트워크'라는 수학적 도구와 연결되어 있다는 사실을 깨달았기 때문이었다.

그 계산 결과는 다음과 같았다. 부피는 실제로 불연속적인 변수였고, 따라서 공간은 부피 양자, 즉 공간 알갱이로 이루어져 있다고 볼 수 있었다. 그런데 우리는 이 공간 알갱이들이 정확히 루프들 간의 교차점의 위치에 있다는 사실을 깨달았다. 계산식 속에 등장한 수수께끼 같았던 교차점은 우리가 찾아 헤맸던 바로 그 공간 알갱이였던 것이다.

이 결과는 우리가 사용했던 기존의 표현법을 바꿔놓았다. 우리는 패러데이의 역선보다 교차점을 더 중요하게 여기기 시작했다. 이전에는 교차점을 지닌 루프의 집합에 대해 이야기해왔지만, 이제는 연결선들, 이른바 '네트워크'를 통해 연결되어 있는 교차점의 집합에 대해 이야기하기 시작했다. 물론 루프가 없어진 것은 아니다. 루프들은 닫힌 패러데이 역선을 통해 여러 교차점들을 연결한다. 또한 각각의 점은 하나 또는 다수의 루프에 속해 있으며, 이것은 루프들이 점만 공유하는 것이 아니라 두 점 사이의 일부분 또한 공유할 수 있다는 것을 의미한다. 이처럼 두 교차점 사이를 잇는 연결선에는 하나 이상의 패러데이의 역선이 지난다. 하나의 연결선 위에 겹쳐 지나는 패러데이의 역선의 개수는 정수로 표시되며(다만 복잡한 역사적 이유 때문에 실제로는 0.5, 1, 1.5, 2, 2.5 등의 반(半)정수를 사용한다.), 이를 연결선의 '스핀'으로 정의한다. 각 연결선은 스핀값, 즉 이 연결선을 지나는 서로 다른 루프의 개수로 규정된다. '스핀 네트워크'라는 이름은 바로 이러한 이유에서 나왔다.

여기서 나타나는 양자적 공간의 이미지는 놀라울 정도이다. 스핀 네트워크 안의 각 격자점은 곧 공간 알갱이를 의미하고, 점들을 이어주는 연결선은 알갱이들 사이의 공간적 관계를 보여준다. 실제로 각 연결선의 스핀값은 이 연결선 위에 겹쳐 있는 루프의 개수를 의미하므로, 어떤 알갱이가 어떤 알갱이들과 맞닿아 있는지를 나타낸다. 이것이 다음 페이지의 [그림5]가 의미하는 바다.

앞에서 말한 바와 같이 '부피의 스펙트럼'을 계산하면 관찰 가능한 부피값, 즉 부피가 가질 수 있는 특정 값들을 알아낼 수 있다. 이와 동일한 방식으로 공간이라는 물리량의 값 역시 계산을 통해 확인해볼 수 있다. 이 경우 '공간의 스펙트럼'을 계산하면 되고, 이 계산을 통해 관찰 가능한 공간의 값을 의미하는 숫자들을 얻을 수 있다. 한편, 루프양자중력이론을 통해 면적의 경우도 그 값이 임의의 숫자가 아니라 스펙트럼 계산을 통해 얻은 일련의 숫자들 중 하나일 것이라고 예측할 수 있다.

한 상자의 '부피'가 $1m^3$라고 말한다면, 실제로는 상자 안

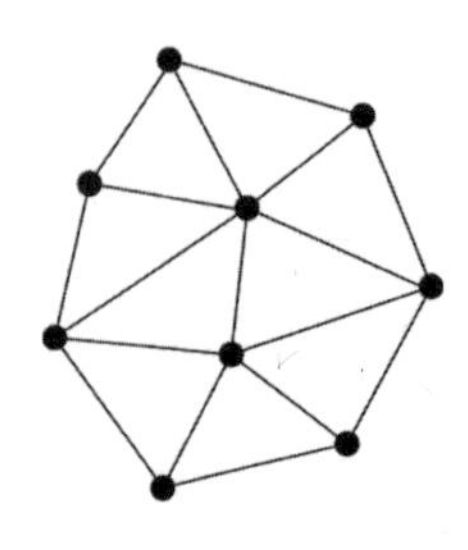

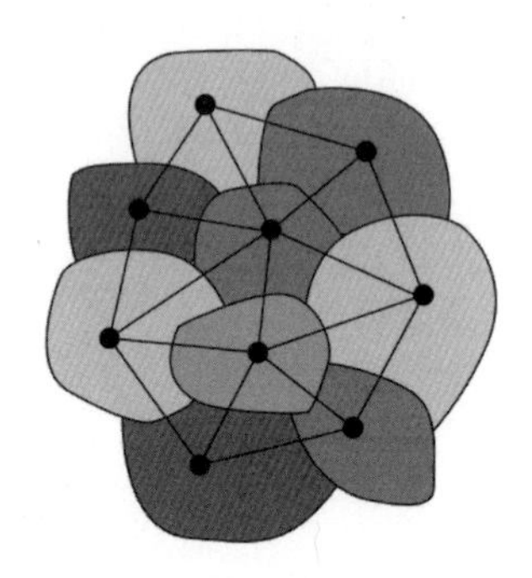

|그림 5| '스핀 네트워크'(왼쪽)는 중력장의 패러데이의 역선으로 이루어져 있고, 각각의 선은 여러 교차점을 연결하는 하나 또는 다수의 루프에 속해 있으며, 교차점들은 네트워크의 '격자점'으로 나타난다. 이 격자점은 '공간 알갱이'(오른쪽에서 원으로 표현된 부분)를 의미한다. 각각의 연결선은 공간 알갱이 간의 관계를 보여준다.

에 있는 공간 알갱이의 개수, 즉 '중력장 양자'(스핀 네트워크의 교차점)의 개수를 말하는 것이나 다름없다. 물론 양자는 매우 작기 때문에, $1m^3$ 크기의 상자 안에 존재하는 양자의 개수는 엄청난 100자리 수에 이른다.

마찬가지로 책 한 페이지의 '면적'이 $200cm^2$라고 하면, 이 또한 실제로는 이 페이지를 통과하는 네트워크 연결선의

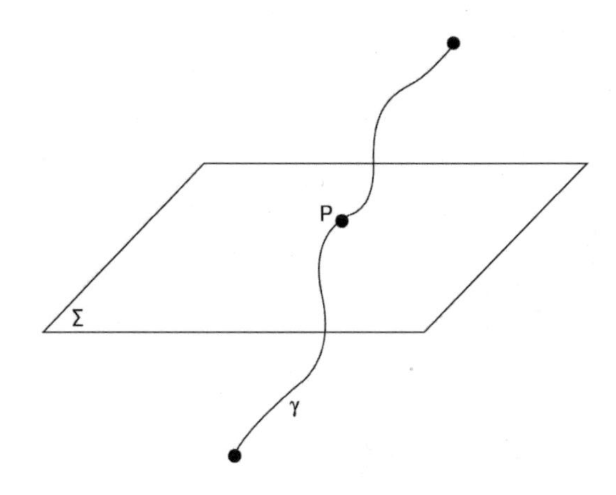

|그림 6| 면적 Σ의 점 P에는 루프(여기서는 루프의 일부분만 표현돼 있다.)가 지난다. 이 면적의 값은 면적을 통과하는 루프들의 총 개수로 결정된다. 책 한 페이지의 면적인 $200cm^2$에는 70자리 수, 즉 약 10^{70}개의 고리가 지나고 있다.

개수, 즉 루프의 개수를 말하는 것이나 다름없다. 물론 이 경우에도 $200cm^2$의 면적을 지나는 루프의 개수는 70자리 수에 달할 것이다. 이것이 [그림6]이 의미하는 바다.(물론 여기서는 실제 페이지가 아닌, 그 크기에 상응하는 이론적인 면적을 통과하는 루프 개수를 이야기하는 것이다. 실제 페이지라면 루프의 개수는 셀 수 없을 정도로 많아진다. 루프의 크기가 종이 두께보다도 훨씬 더 작기 때문이다.)

지금의 기술로는 아직 이 예측을 확인할 수 없다. 루프 크기 수준의 면적이나 부피를 측정할 수 있을 만큼 정밀한 기술이 아직 존재하지 않기 때문이다. 하지만 이 이론이 최소한 원리상으로라도 정확한 예측을 제시하고 있다는 것은 매우 중요한 사실이다. 만약 그럴 수 없다면 이 이론을 과학적인 이론이라고 할 수 없을 것이다. 현재까지 루프양자중력은 양자중력에 대한 여러 이론 중 확증될 수 있을 만한 예측을 제시하고 있는 유일한 이론이다.

스핀 네트워크는 공간의 양자적 구조를 수학적 차원에서 정확히 묘사하고 있다. 보다 엄밀히 말하자면, 양자역학과 관련된 이야기를 하고 있으므로 -즉, 확률을 다루고 있으므로- 루프양자중력이론은 스핀 네트워크의 확률운을 다룬다고 말할 수 있다. 마치 안테나가 빠진 아날로그 텔레비전 화면에서 흑백 점들이 지지직거리는 것처럼, 스핀 네트워크들이 요동하고 우글대며 이 세상을 구성하고 있는 모습을 상상해야 한다. 이 이론의 수식들은 바로 이 요동하는 스핀 네트워크를 표현하고 있는 셈이다.

한편 놀랄 만한 점은, 로저 펜로즈가 양자적 공간의 모습을 그려보려 시도하던 중에 이 스핀 네트워크를 순전히 상상만으로 '창조'했다는 사실이다. 이후 우리가 일반상대성이론과 양자역학을 통합시킨 결과 동일한 스핀 네트워크가 다시 한번 발견되었던 것이다.

존 휠러를 만나다

그런데 1960년대에도 아주 작은 규모의 공간에서는 연속성이 사라진다는 직관적인 아이디어를 제시한 사람이 있었다. 바로 휠러-디윗 방정식을 만든 두 수학자 중 하나인 존 휠러(John Wheeler, 1911~2008)이다. 루프이론은 그의 아이디어를 수학으로 구체화한 것이었다. 존 휠러에게서 편지를 받았을 때 내가 그토록 감격했던 것도 이러한 이유 때문이었다. 양자중력의 위인이자 전문가인 그의 편지에는 우리의 연구 결과에 대한 애정과 열정이 드러나 있었고, 직접 프린스턴 대학교로 건너와 그 이론에 대해 설명해 달라는 초청도 들어 있었다.

존 휠러는 젊은 시절 20세기 초의 대표적인 천재 물리학자 중 하나인 닐스 보어와 공동연구를 했다. 그들은 양자역학의 탄생에 참여했고, 휠러는 이후 핵물리학에 전념하며 다른 이들과 함께 초기 원자핵 모형 중 하나를 만들기도 했다. 세계 대전 동안 미국에 머물렀던 그는 핵폭탄과 관련된 비극적인 사건에서도 큰 역할을 했다. 당시 독일이 먼저 핵폭탄 개발에 성공할 것을 염려한(물론 이후에 사실이 아니었던 것으로 드러나기는 했지만) 과학자들이 휠러의 연구실에 모여 논의한 끝에 루스벨트 대통령에게 핵폭탄 개발을 촉구하는 탄원서를 쓰기로 결정했던 것이다.

휠러는 전쟁 후 중력에 대한 연구를 시작했고 아인슈타인의 주요 공동연구자 중 한 명이 되기도 했다. 그 유명한 '블랙홀'이라는 용어를 처음 고안한 것도 휠러였다. 그는 또한 양자중력 연구의 기반이 되는 매우 중요한 직관과 아이디어들을 제시했으며, 가장 작은 규모의 시공간은 요동하는 거품(시공간 거품)과 같을 것이라고 주장하기도 했다. 뿐만 아니라 미국의 훌륭한 과학자인 브라이스 디윗(Bryce De-

Witt, 1923~2004)과 함께 양자중력의 기초 방정식으로 자리 잡게 될 그 유명한 휠러-디윗 방정식을 만들었고, 20세기 하반기의 가장 위대한 물리학자로 꼽을 수 있는 리처드 파인만(Richard Feynman, 1918~1988)을 제자로 길러내기도 했다. 한마디로 말해 존 휠러는 현대 물리학 발전의 선봉에 서 있는 주인공이나 다름없었다. 그러니 그의 편지를 받은 내 심정이 어땠겠는가!

내가 프린스턴에 도착하자 휠러는 곧바로 내 숙소로 직접 찾아왔다. 함께 아침을 먹은 뒤 우리는 프린스턴 대학교 캠퍼스를 산책했다. 나는 휠러에게 우리의 계산 결과를 설명했고, 그는 내게 보어와의 공동연구, 핵폭탄 개발 등 그의 기막힌 경험들을 이야기해줬다. 휠러는 "이보게, 카를로 군. 아인슈타인이 나치 독일에서 도망쳐 처음 이곳으로 건너왔을 때도 오늘처럼 아침 일찍 그를 만나 이렇게 똑같은 코스로 산책을 했었다네."라는 말도 덧붙였다.

이날의 일처럼 개인의 생각에 커다란 발자취를 남긴 인물들에게 간접적으로나마 가까이 다가가는 것은 왠지 모를 큰 감동을 안겨주곤 한다. 물론 이들도 여느 사람들과 마찬가지로 약한 면과 인간적인 면을 가지고 있을 테지만, 그들의 아이디어가 지닌 매력은 무어라 표현할 수 없는 아우라를 선사해준다. 우리는 그들이 열어준 길을 따르는 특권을 누릴 수 있었다. 존경과 감사와 애정의 마음이 나오는 것도 그 때문일 것이다.

휠러는 나지막한 목소리로 이야기를 이어갔다. 나이가 들어 쇠약해졌지만, 안에서 뿜어져 나오는 에너지에는 변함이 없었다. 핵폭탄 개발에 대해 이야기할 때는 급진적 평화주의로 가득한 내 반론에 맞서, 그 끔찍한 프로젝트에 참여해야만 했다고 스스로를 변호하기도 했다. 한편, 내가 고안한 공간의 구조에 대한 이미지([그림3], 61쪽)를 본 그는 어린아이처럼 함박웃음을 지으며 자신이 아주 오래전에 그려 책에 실었던 아주 비슷한 그림([그림7]) 하나를 보여줬다. 수년 전 휠러가 떠올렸던 직관적인 아이디어에 내가 이론적으로 도달하게 되었다는 사실은 몹시도 행복한 일이었다.

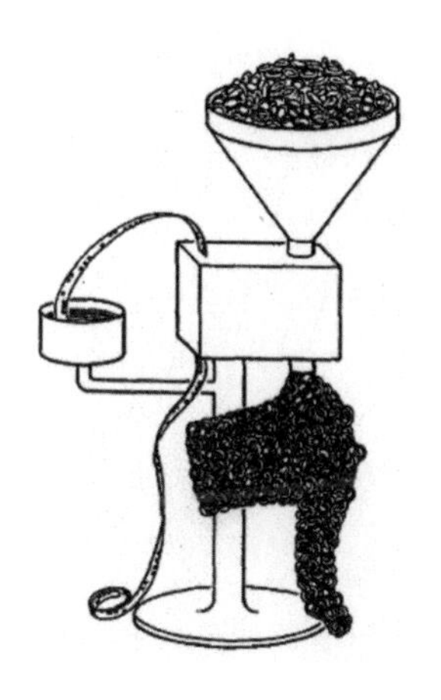

|그림 7| 시공간을 형성하는 1만 개의 루프
1970년 존 휠러가 찰스 마이스너(Charles Misner, 1932~), 킵 손(Kip Thorne, 1940~)과 공저로 펴낸 《중력(Gravitation)》에 실린 것으로, 프린스턴에서 내게 보여줬던 그림이 바로 이것이다.

루프이론을 테스트하다

현재 루프양자중력을 연구하고 있는 과학자들은 전 세계에 수백 명에 달하며, 이들은 각각 다양한 분야로 이론을 발전시켜나가고 있다. 실제로 루프이론은 여러 분야에서 응용되고 있는데, 일례로 우주론에서는 빅뱅 – 세상의 최초의 순간-에 대해 연구하거나 블랙홀의 특성, 특히 블랙홀이 열을 가지고 있다는 것을 연구하는 데 루프이론을 사용하고 있다.

루프이론을 응용한 블랙홀 연구 결과는 1970년대 스티븐 호킹(Stephen Hawking, 1942~2018)이 발견한 기이한 우주의 특성과도 일치한다. 호킹은 심각한 질병으로 인해 평생을 휠체어에서 보내야 하고 직접 개발한 프로그램을 통해서만 대화할 수 있음에도 불구하고 여러 훌륭한 과학적 업적을 이뤄냈다. 호킹의 가장 위대한 성과 중 하나는 블랙홀이 '뜨겁다'는 사실을 이론적으로 밝혀낸 일이다. 다른 뜨거운 물체와 마찬가지로 블랙홀 역시 특정 온도에서 열복사를 방출한다는 사실을 알아낸 것이다. '호킹복사'라는 이름으로 알려져 있는 이 현상은 블랙홀이 열을 방출하면서 에너지를 잃고 서서히 증발한다는 점에서 '블랙홀의 증발'이라고 불리기도 한다.

어떤 물체가 뜨겁다는 것은 그 물체의 미시적 성분들이 움직이고 있기 때문이다. 철 조각을 가열하면 그 안의 철 원자가 평형 위치 부근에서 빠르게 진동한다. 하지만 블랙홀의 표면은 물질로 구성되어 있지 않다. 그렇다면 뜨거운 블랙홀 안에서 진동하는 구성 성분, 즉 블랙홀의 '원자'는 무엇이란 말인가?

루프이론이 이 질문에 답을 제시해준다. 빠르게 진동하며 블랙홀의 온도를 높이는 '원자'는 바로 블랙홀 표면에 위치한 루프들이다. 루프이론을 통해 우리는 호킹의 발견을 이해하고 그것이 루프의 미시적 '진동'이라고 말할 수 있게 되었다. 그런데 이것은 루프이론이 지닌 일관성을 확인시켜주는 중요한 테스트이긴 하지만, 아직 실험을 통한 진정한 테스트라고 볼 수는 없다.

루프이론을 실제 실험을 통해 확증하는 것은 인간의 능력 밖의 일이라고 여겨져왔다. 그런데 최근 공간 알갱이의 간접적인 효과를 관찰해 루프이론을 실제로 테스트해볼 수 있는 여러 아이디어가 연구되고 있다.

그중 하나였으나 성공하지는 못했던 아이디어로 다음을 들 수 있다. 만약 공간의 구조가 알갱이화되어 있다면 이 알갱이들이 빛의 전파에 영향을 줄 것이다. 그렇다면 여러 색으로 이루어진 광선이 알갱이화된 공간을 통과할 때 이론적으로는 색에 따라 빛의 이동 속도가 아주 미묘하게라도 달라져야 할 것이다.(빛이 결정체를 통과하는 경우와 동일한 원리이다. 결정체를 통과한 빛은 여러 색으로 분산된다. 여기서 빨간빛이 파란빛보다 빠른 속도로 나아가므로 그 결과 파란빛보다 빨간빛이 미세하게 먼저 도착하는 것처럼 보이게 된다.) 물론 아주 미미한 속도 차이이지만 만약 통과하는 길이가 길다면 그 효과는 점차 축적될 것이다. 예를 들어 아주 멀리 떨어진 은하수에서 오는 광선이라면 그 차이가 눈에 띄어야 한다는 것이다. 물론 이 예측을 테스트하기 위해서는 극도로 정밀한 측정 도구가 필요하다.

여기서 문제는 '국소 로렌츠 대칭'이라고 불리는 이러한 효과는 자연의 대칭성을 위반하는 내용이므로 결국 예측한 효과는 실제로는 나타나지 않을 것이라는 점이었다. 실제로 정밀한 계산을 통해 루프이론에서는 대칭성이 위반되지 않는다는 예측을 얻을 수 있었다. 이후 우주 방사선 측정을 통해 결국 빛의 전파에는 대칭성이 유지된다는 사실이 확인되었다. 빛이 아무리 멀리서 출발해 전파된다고 해도 색과 상관없이 모든 빛이 함께 도착한다는 것이다. 이 또한 어쨌든 루프이론의 정당성을 뒷받침해주는 결과이긴 하지만 실망스러웠던 것은 사실이다. 아무런 차이도 나타나지 않을 것이라는 루프이론의 예측이 실제로 증명되었지만 정말 아무것도 볼 수 없었기 때문이다.

게다가 이 실험에서 아주 작은 규모를 측정할 수 있었다는 것도 흥미로운 부분이다. 정말 어떤 효과가 있었다면 관찰할 수 있었을 정도이다. 이것은 머지않아 우리가 플랑크 규모, 즉 양자중력장의 루프 규모에서 일어나는 현상의 결과를 실제로 관측할 수 있으리라는 기대를 안겨주었다.

한편 관측될 수 있을 만한 루프이론의 효과가 나타나는 또 다른 분야로 우주론을 꼽을 수 있다. 우주론에서 루프이론의 응용 분야는 최근 몇 년 새 크게 발전했고, 가장 활발한 연구 분야 중 하나로 손꼽히고 있다.

빅뱅 '이전'에 일어난 일들

우주론은 30여 년 전부터 크게 발전해왔다. 우주의 역사와 팽창에 대한 지식은 상당한 수준에 이르렀으며 지금도 계속해서 추가되고 있다. 1998년에는 우주가 그냥 팽창하고 있는 것이 아니라 점점 더 빠르게 팽창하고 있다는 사실이 알려졌다. 우주의 팽창이 가속화되고 있다는 것이다. 팽창이 가속화되는 이유는 '암흑에너지'라는 불가사의한 에너지의 영향 때문으로 알려져 있으나 이것은 아주 전문적인 표현은 아니다. 그런데 우주의 가속팽창은 이미 아인슈타인의 일반상대성이론에서도 기술된 바 있다. 아인슈타인 방정식에 등장하는 '우주 상수'가 바로 그것이다. 실제로 우주의 팽창이 가속화되고 있다는 사실이 밝혀지기 전까지는 아무도(아인슈타인조차도) 인정하지 않았던 우주 상수의 존재가, 사실은 아인슈타인에 의해 이미 증명되어 있었던 셈이다. 결국 오늘날의 지식에 따르면, 미래 우주의 모습은 은하계들이 점점 더 빠른 속도로 서로 멀어지는 형태가 될 것이다.

한편 우주의 가장 큰 미스터리는 우주의 미래가 아닌 그 정반대, 즉 우주 역사의 시작 단계이다. 그런데 바로 이 문제에도 루프양자중력이 답을 줄 수 있다. 빅뱅 직후 우주는 매우 작았을 것이다. 다시 말해, 당시의 우주는 아주 적은 수의 공간 알갱이들로 이루어져 있었다. 그리고 이 최초의 알갱이들은 현재 우주의 구조 어딘가에 분명 흔적을 남겼을 것이다. 특히 오늘날 우주의 구조에 대한 많은 정보를 제공하고 있는, 극도로 정밀한 수단을 통해서만 측정 가능한 우주배경복사(이른바 '화석'복사)에 그 흔적이 남아 있을 수 있다. 큰 규모의 우주에서 일어나는 변화는 근사법을 통해 연속적인 공간으로 모형화해 볼 수 있지만, 초기의 작은 우주에서 일어나는 변화는 그렇게 할 수 없다. 초기 우주의 경우 특히 알갱이화되어 있다는 특성을 분명하게 고려해야 하는데, 바로 여기에 루프이론의 방정식을 활용할 수 있다. 이를 통해 빅뱅 직후의 상태, 또는 빅뱅 그 자체에 대한 정보를 얻을 수 있을 것이다.

아인슈타인의 일방상대성이론 방정식은 빅뱅에 관련된 내용에는 적용할 수 없다. 빅뱅에 적용할 경우 방정식의 값이 무한대가 되어 계산 자체가 불가능해지기 때문이다. 양자중력이론을 사용하지 않으면 빅뱅 당시에 무슨 일이 일어났는지에 대해서는 아무것도 주장할 수 없다. 고전적인 휠러-디윗 방정식을 사용해보려고 해도 아인슈타인의 이론을 적용할 때와 동일한 모순이 나타난다. 빅뱅에서는 시간에 따른 변화가 멈춰버리면서 방정식 그 자체가 무의미해지기 때문이다. 반면 루프이론의 방정식은 빅뱅에서도 변함없이 작동한다. 공간의 알갱이 특성 때문이다. 빅뱅 당시로 돌아갈수록 우주의 크기는 점점 수축되겠지만 루프이론에서는 최소의 부피값도 임의로 정해질 수 없으므로 그 크기가 '무한히' 작아지지는 않는다. 공간히 양자화되어 있기 때문이다. 더 축소할 수 없는 최소의 부피값이 존재한다는 이야기이다.

이와 같은 아이디어는 아슈테카르와 그의 미국 연구팀에 의해 크게 발전했다. 그런데 연구 결과 첫 번째 결론은 놀랍게도 빅뱅이 우주의 진짜 시작점이 아닌, 우주가 수축되는 단계 이후에 나타난 일종의 '반동'이라는 사실이었다. 이러한 결론은 여러 가지 측면에서 괄목할 만한 결과를 가져왔다. 이론적 측면에서의 성과는 빅뱅 시기에서도 작동하는 방정식을 만들어냈다는 것이다. 이 방정식을 사용하면 결과값들이 터무니없을 정도로 무한하지 않으며, 빅뱅은 물론 빅뱅 이전에 일어난 일도 계산할 수 있다.

또한 관측의 측면에서도 중대한 성과가 있었다. 양자중력을 통해 수정된 우주 방정식들과 기존의 우주론에서 사용되던 전통적인 방정식 사이에는 미세하게나마 차이가 존재하기 때문이다. 이 차이는 우주배경복사의 관측에 엄청난 영향을 미칠 것이다. 높은 정밀도를 자랑하는 코비(COBE), 더블유맵(WMAP), 플랑크(Planck) 등의 위성들이 공간 속에 흩어진 이 흐릿한 빛의 특징들을 점점 더 분명하게 파악하고 있으며, 루프이론은 이 우주배경복사에 미치는 양자중력의 측정 가능한 영향을 계산할 수 있게 해줄 것이다. 긴 파장을 지닌 우주배경복사의 실질적인 스펙트럼은 고전이론에 따른 계산 결과와 차이가 있을 것이다. 현재는 예상 편차가 아직 측정 장비의 오차 범위 내에 머물러 있지만, 언젠가는 관측을 통해 두 방정식을 판별할 수 있게 되리라 기대한다.

2014년 3월, 남극의 한 천문학 연구팀이 전파망원경으로 우주배경복사의 편광을 조사한 결과 원시중력파를 검출했다고 발표했다. 이것이 사실로 드러난다면 우주배경복사가 방출되기 전, 즉 빅뱅 직후에 일어난 현상의 흔적들을 직접 관측한 최초의 사례로서 우주론 분야의 획기적인 성과가 될 것이다. 양자중력의 효과를 증명하는 첫걸음이 되는 것이다.

아직은 이러한 관측 결과 중 양자중력이론에 직접적으로

활용할 수 있는 것은 없지만 어쨌든 점차 최종 결론에 다가가고 있는 것은 사실이다. 빅뱅 당시 일어났던 여러 현상의 결과들이 이제 관측 가능한 것이 되고 있다. 30년 전만 해도 불가능하게만 보였던 것들이 이제는 우리의 능력 범위 안에 들어서게 된 것이다. 그뿐만 아니라 우주배경복사의 변이에서 상관관계를 발견할 수 있을 것이다. 즉, 이 변이가 우주의 탄생 초기 당시 중력장의 양자요동에 의해 만들어졌을 것이라고 보는 것이다. 따라서 우선은 양자중력이 존재하고 있었으며, 시공간이 양자적으로 요동하는 것이라는 사실을 알 수 있다.

이 이론의 기초 방정식을 잠재적인 관측 결과와 연결하려면 꽤 복잡한 계산 작업이 필요하다. 여러 근사법을 사용할 수 있어야 하고, 흔한 일은 아니지만 우주론과 양자중력 두 가지 모두의 지식을 가지고 있어야 하며, 풍부한 직관도 필요하기 때문이다. 오늘날 프랑스에서는 많은 과학자들이 이러한 연구를 진행하고 있다. 그중에서도 특히 그르노블의 로렐리앵 바로(Aurélien Barrau, 1973~)와 그의 연구팀이 이 분야에서 세계적으로 최전선을 달리고 있다고 생각한다.

한편 개념적 측면에서 볼 때, 나는 빅뱅에 관련된 이론적 결과들을 단순히 빅뱅 '이전'의 우주라는 말로 해석할 수 있는지에 대해서는 여전히 의문스럽다. 이론적 결과가 분명하고 거기서 파생된 관측 방법 역시 구체적일지라도, 이러한 발견이 지니는 정확한 물리학적 의미는 아직 해결되지 않은 미스터리라는 것이 나의 개인적인 의견이다. 이러한 상황에서 빅뱅 '이전'에 일어난 일들을 묻는 것이 정말 의미가 있을까?

이 이론이 알려주는 것은 양자역학에서도 어떤 입자의 궤적이 명확히 규정되지 않듯이 우주 역시 시간과 공간이 명확히 규정되지 않은 양자적 상태에 놓여 있다는 사실이다. 그런데 시공간의 영역에서 시간과 공간이 명확히 규정되어 있지 않다면, '이전'이라는 표현은 대체 무엇을 의미하는가?

시공간 그 자체가 확률적으로 나타나는 이론에서 말하는 시간이란 결국 무엇일까?

우주론과 플랑크별

최근에는 블랙홀의 중심에서 일어나는 일을 연구하는 데에 양자중력을 응용할 수 있게 되었다. 이 연구를 통해 얻은 전망들이 앞으로 관측을 통해 확증된다면, 블랙홀 그 자체와 블랙홀의 운명에 대한 일반적인 개념이 완전히 변화하게 될 것이다.

고전적인 이론에 따르면 거대 질량별은 내부층의 폭발과 외부층의 붕괴로 인해 연료가 소진될 때 그 수명을 다하고 '블랙홀'이라고 불리는 상태로 접어들게 된다. 블랙홀의 외부는 고전이론으로도 잘 묘사할 수 있으며, 천문학적 관측을 통해 실제로 확인되기도 했다. 그렇다면 블랙홀 내부에서는 대체 무슨 일이 일어나고 있는 걸까?

고전이론에서는 별의 물질이 블랙홀 중심으로 빨려 들어가고, 이후 부피는 제로, 밀도와 온도는 무한대에 가까워지는 상태로 점차 응축되다가 결국 사라지게 된다고 본다. 당연히 물리학적으로는 불가능한 일이다. 물질이 사라지는 마술은 과학적 가설이 될 수 없다. 별이 완전히 사라져버리기

전에 양자중력이 개입해야 할 것이다.

루프이론에서의 블랙홀에 대한 묘사는 기존의 방법과는 다르다. 중력장(시공간의 알갱이)의 양자적 특성으로 별의 내부 폭발이 무한정 진행될 수 없기 때문이다. 폭발로 물질의 밀도가 점점 높아지면 양자중력의 척력(양자중력의 압력) 효과가 나타나기 시작한다. 특정 크기 미만에서는 시공간의 양자적 특성이 거시적 특성에 우선하는데, 이 상태에서는 척력이 별의 붕괴를 막는 효과를 일으키고 결국 물질은 한계밀도인 플랑크 밀도에 이르게 된다.

한편 물리적으로 관측 가능한 별 중에는 질량이 충분히 크지 않아 블랙홀이 되지 못한 별들도 있다. 이 중 현재 파악된 밀도가 가장 높은 별이 바로 중성자별이다. 만약 태양이 붕괴해서 중성자별이 되면 그 크기는 지름 약 1km 수준으로 줄어들게 될 것이다. 터무니없을 정도로 압축되어버리는 것이다. 그런데 여기서 멈추지 않고 붕괴가 지속돼 플랑크 밀도에 이르게 되면 태양은 결국 원자 하나 정도의 수준으로 작아질 것이다. 플랑크 밀도가 최대 한계이기 때문에 별의 크기는 그보다 더 작아질 수는 없다. 이러한 상태에 이른 별을 '플랑크별'이라고 부른다.

만약 블랙홀의 밀도가 무한하지 않고 그 정도 역시 파악할 수 있다면 이를 통해 블랙홀의 크기도 계산할 수 있고 그 안에서 일어나고 있는 변화도 예측할 수 있게 될 것이다. 다시 말해, 지금껏 그토록 불투명하게만 보였던 물체를(이론적으로나마) 살펴볼 수 있게 된다는 얘기이다.

과연 무슨 일이 일어나고 있을까? 중력의 압력은 벽처럼 별의 물질을 튕겨져 나오게 한다. 이 반동 현상은 마치 벽에 던진 공이 튕겨져 나오듯 매우 빠르게 일어난다. 결국 별은 붕괴를 겪은 직후에 폭발하게 된다.

그런데 우리가 파악한 블랙홀들은 주변 물질의 반응으로 파악해보건대 수십~수백만 년 전부터 존재해온 것으로 추정된다. 대체 어떻게 그렇게 오랫동안 존재할 수 있었던 것일까? 일반상대성이론에서 이야기하는 시간의 기이한 작용이 바로 여기서 나타난다. 우주 속 한 장소의 시간 흐름은 그 장소를 지배하는 중력장을 따른다. 실제로 지구의 중력장이 위성 궤도의 중력장보다 더욱 강력하기 때문에, 지구에 있는 시계는 위성에 있는 시계보다 느리게 간다. 태양에 있는 시계 역시 태양 밖에 있는 관찰자의 시계에 비해 현저히 느리게 갈 것이다. 만약 어떤 우주비행사가 용기를 내 태양 표면으로 간다면, 그의 눈에는 태양의 시계가 정상속도로 작동하는 것처럼 보일 것이다. 그리고 오히려 지구에 남아있는 동료의 시계가 너무 빨리 간다고 느낄 것이다. 그 후 그가 태양을 떠나 다시 지구로 돌아온다면, 두 사람 사이에는 분명한 시차가 존재한다는 사실을 확인하게 될 것이다.

이번에는 블랙홀 안의 시간이 어떻게 흐르고 있을지 한번 상상해보자. 물질이 붕괴될수록 중력장은 강력해질 것이며, 시간도 -외부에 비해- 거의 멈춘 것처럼 보일 정도로 극도로 느려질 것이다. 그러므로 우리의 눈에는 수백만 년에 걸쳐 일어나는 것처럼 보이는 과정도 블랙홀의 시계에서는 고작 1초 만에 일어나는 일들일 것이다. 붕괴 후에는 내부 폭발과 외부 폭발이 곧바로 이어지지만, 우리가 강력한 블랙홀 중력장 바로 외부에서 본다면 이러한 과정은 마치 거의 정지 화면에 가까운 슬로우 모션으로 보이게 된다.

물론 이러한 과정에 소요되는 시간은 모든 블랙홀에서 동일하게 나타나지 않고 블랙홀의 초기 질량에 따라 달라진다.(소요시간은 질량의 세제곱에 비례한다.) 중력장이 강할수록 소요시간은 길어지고 시간은 천천히 흐르기 때문이다.

엄밀히 따지자면 붕괴 직후 곧바로 폭발이 이루어지는 것도 아니다. 스스로의 지평면(horizon)을 넘기에는 별의 질량이 너무 크기 때문이다.(별이 중력장 내에 스스로 뚫은 '구멍'을 빠져나가지 못하는 셈이다.) 따라서 우선 호킹이 발견한 '증발' 과정을 통해 질량을 일부 줄여야 한다. 일정 시간(우리 눈에는 매우 긴 시간이겠지만 블랙홀의 차원에서는 아주 짧은 시간) 동안 증발 과정을 거치면서 플랑크별의 나머지 부분은 거시적 물체(플랑크별에 비해 규모가 크고 밀도가 낮은 상태)가 되고 지평면은 사라진다. 그리고 이 단계에서 남아 있는 별의 물질들이 양자중력의 압력에 의해 분해되고 소멸된다.

이러한 새로운 설명은 블랙홀 역시 여느 물체들과 다를 바 없이 한 단계에서 다른 단계로 변화하는 물체라는 사실을 알려주었다. 중요한 것은 이와 함께 관측을 통해 루프이론을 테스트할 기회가 생겼다는 사실이다. 블랙홀의 폭발은 고유한 신호를 발생시킬 것이다. 이 반등의 과정을 계산해 보면, 별의 물질이 감마선으로 바뀌어야 한다. 우리는 이 선이 어떤 파장을 갖는지도 구체적으로 계산할 수 있다. 최초의 블랙홀들은 우주의 초기에 형성되었으므로 현재 137억 살(지구의 시간 기준)이 되었을 것이다. 여기에 루프이론을 적용하면 137억 년에 걸쳐 폭발하는 블랙홀의 질량은 10^{12}kg이라고 예측할 수 있다. 또한 이 정도 질량을 가진 블랙홀의 경우 폭발 당시 방출되는 전자기파의 파장이 약 10^{-14}cm가 될 것이므로, 페르미 광역망원경(Fermi-LAT) 등의 감마선망원경을 통해 탐지할 수 있을 것이라고 예상해 볼 수 있다.

30여 년 전부터 이른바 '감마선 폭발', 즉 감마선이 갑자기 짧고 강렬하게 방출되는 사건이 우주 곳곳에서 관찰되기 시작했다. 다양한 형태로 나타난 감마선 폭발에 대한 많은 연구가 진행되고 있다. 다만 이렇게 관찰된 감마선 폭발 중 일부는 블랙홀 그 자체의 죽음과 연관이 있을 것이라는 주장은 아직 더 많은 연구가 필요하다. 만약 이것이 사실이라면 이제 곧 블랙홀의 폭발 신호를 탐지할 수 있을 것이다. 이것은 양자중력에 의해 일어나는 사건의 직접적 결과를 곧 관찰하고 측정할 수 있게 된다는 이야기이다. 이것은 제법 기발한 아이디어이지만, 확인에 실패할 가능성도 있다. 예를 들어 과거 원시우주에서 충분한 수의 블랙홀들이 만들어지지 않았다면 오늘날 폭발이 일어나지 않을 수도 있기 때문이다. 그러나 블랙홀의 폭발 신호에 대한 연구는 현재 계속 진행 중이며, 우리는 그 결과를 기다리고 있을 뿐이다.

블랙홀에 대한 이 새로운 관점 속에서 시간 개념은 어지러울 정도로 매우 복잡한 개념이 되어 나타난다. 눈앞에 이상한 시간분쇄기, 일종의 '시간펌프'가 놓여 있는 셈이기 때문이다. 이 펌프는 우주 탄생 당시의 입자를 130억 년이 지난 뒤로 내보내고 있고, 게다가 그 긴 시간이 흐르는 동안 펌프에 설치된 시계 기준으로는 고작 몇 초밖에 흐르지 않았다. 한 우주 안에 이토록 다른 시간의 흐름이 존재한다는 생각을 어떻게 받아들여야 할까?

제6장

시공간은 존재하지 않는다

지금까지 공간이라는 멀고 먼 길을 돌아 마침내 여기에 이르렀다. 이제 시간에 대해 집중적으로 이야기해보자. 일반상대성이론이 발표되기 10년 전, 아인슈타인은 시간과 공간이 분리된 각각의 개체라기보다는 한 개체의 두 측면에 가깝다는 사실을 깨달았고, 이 발견을 특수상대성이라는 이름으로 발표했다. 우리는 보통 두 가지 사건(예를 들어 '콜럼버스의 신대륙 발견'과 '존 레논 사망')은 항상 시간 순으로 정렬될 수 있다고 생각한다. 한 사건이 '먼저' 일어나고 다른 사건은 '나중에' 일어난다고 보는 것이다. 우리는 시간이 보편적인 것이라고 생각한다. 그렇기 때문에 지구가 아닌 우주의 다른 어딘가에서 일어난 일에 대해서도 '정확히 어떤 시점'에 그 일이 일어났는지 묻는 질문이 의미가 있다고 여긴다. 하지만 사실 그러한 질문은 무의미하다.

시간의 상대성

시간의 상대성을 가장 극명하게 보여주는 비유로 '쌍둥이 역설'을 들 수 있다. 사실 역설이라고 할 이유가 전혀 없긴 하지만, 어쨌든 그 내용은 다음과 같다. 만약 쌍둥이 중 한 명만 매우 빠른 속도로 여행을 하고 돌아온다면, 다시 만났을 때 두 사람 사이에는 나이 차이가 생길 것이다. 여행을 하지 않은 쪽의 시간이 더 빠르게 흘렀으므로 더 늙어 있을 것이다.(어떤 목적지를 향해 가는 길들 중 우회하지 않고 직선으로 달리는 길이 가장 빠른 길인 것과 같은 원리이다.) 사실 이것은 역설이라기보다는 이 세계의 구조에 따른 결과일 뿐이다. 이 세계의 시간은 그 안에서 물체들이 변화하는 절대적 '상자'가 아니다. 시간은 각각의 물체에 따라 고유하게 나타나며

각 물체의 움직임에 종속되어 있다. 단 하나 역설이라고 할 수 있을 만한 점은, 각 시간 사이의 차이가 너무나 미미해서 인간의 눈으로는 관측할 수 없다는 부분일 것이다. 하지만 매우 반(反)직관적인 개념이긴 해도, 시차는 실제로 존재한다. 시차에 대한 구체적인 실험이 실제로 이뤄졌으며(물론 진짜 쌍둥이로 실험한 것은 아니고, 여러 대의 초고속 항공기에 초정밀 시계를 장착한 후 각각의 시간을 확인했다.), 매번 아인슈타인의 주장과 정확히 일치하는 결과가 나왔다. 실제로 초고속 항공기에 장착됐던 시계를 회수해보니 각각 서로 다른 시간을 나타내고 있었던 것이다.

프랑스에서는 이와 같은 시차에 대한 아이디어가 아인슈타인이 아닌 앙리 푸앵카레(Henri Poincaré, 1854~1912)의 것이라고 알려져 있는데, 이것은 사실이 아니다. 물론 푸앵카레의 업적이 저평가되어 있는 것은 사실이지만, 확인해보면 동일한 두 시계가 다른 속도로 운동할 경우 시간이 달라진다는 시차의 기본적인 사실을 처음 주장한 것은 아인슈타인이었다.

특수상대성이론이 발표되고 10년 후, 아인슈타인은 일반상대성이론을 통해 시간 개념을 더욱 가변적인 개념으로 만들었다. 강력한 중력장(예를 들면 지구, 태양 등)이 시간을 더 느리게 만든다는 것이었다.

GPS시스템이 상대성이론에 따른 보정을 필요로 하는 것도 이러한 이유 때문이다. GPS시스템은 궤도상의 위성과 지구 사이에서 신호가 오가는 데 걸리는 시간을 정밀하게 측정하는 것에 기반을 두고 있다. 그런데 GPS 위성은 지구에 있는 우리에 비해 지구의 중력장으로부터 더 멀리 떨어져 있다. 결국 위성에서의 시간과 지구상의 시간은 동일하지 않으며, 위성의 시계가 지구의 시계보다 아주 미세하게 빨라지게 된다. 만약 이 시차를 무시하고 거리 계산을 보정하지 않으면 GPS를 통해 얻은 결과는 지구상에서 쓸 수 없는 틀린 것이 될 것이다.

이와 관련된 일화가 있다. 미국 국방부에서 GPS시스템을 처음 개발했을 때, 이 프로젝트를 담당하던 장군들은 시간의 상대성을 믿지 못했다. 물리학자들이 나서서 위성의 시계가 지구상의 시계보다 더 빨리 간다고 주장했지만, 누가 이런 이야기를 진지하게 받아들일 수 있었겠는가? 시간이 빠르게 가기도 하고 느리게 가기도 한다는 주장을 과연 어떤 군인이 진심으로 믿을 수 있었겠는가? 그럼에도 불구하고 미군은 보정이 포함된 시스템과 그렇지 않은 시스템 두 가지를 만들어 테스트해보기로 결정했다. 그리고 그 결과는 분명했다. 일반상대성이론이 '확립'된 이론이라는 사실을 잘 보여주는 일화이다. 그러므로 일반상대성이론의 예측을 신뢰하지 않는 것은 어리석은 일이다.

다시 이론적인 이야기로 돌아와보자. 충분히 멀리 떨어져 있는 두 장소에서 각각 다른 사건이 일어난 경우, 어떤 사건이 '먼저' 일어났는지를 논하는 것은 대개 무의미하다. 예를 들어 안드로메다은하에서 무슨 일이 어떤 '시점'에 일어났는지를 묻는 것은 아무런 의미가 없다. 시간이 모든 곳에서 동일하게 흐르는 것이 아니기 때문이다. 우리에게는 우리의 시간이 있고, 안드로메다은하에는 안드로메다은하의 시간이 있다. 두 시간을 보편적인 방식으로 서로 연결할 수는 없다.

우리가 할 수 있는 유일한 일은 오로지 신호(광신호, 무선신호 등의 전자기적 신호들)를 주고받는 것뿐이지만, 그 신호들조차도 여기서 안드로메다까지 왕복하는 데 수백만 년의 시간을 필요로 할 것이다. 어떤 외계인이 안드로메다에서 우리에게 신호를 보냈다고 상상해보자. 우리는 그 신호를 '오늘' 받아 즉시 회신했다. 물론 외계인이 신호를 보낸 것은 오늘보다 '이전'의 일이며, 그 외계인이 우리의 회신을 받게 되는 것은 오늘보다 '이후'의 일이라고는 말할 수 있다. 하지만 외계인과 신호를 주고받는 데 소요된 수백만 년의 시간 동안, 안드로메다에 지구의 '오늘'에 상응하는 특정한 순간이 존재한다고 할 수는 없다. 두 장소는 물리적으로도, 시간적으로도 단절되어 있는 셈이다.

말하자면 시간에 대해 생각할 때 우주의 일생에 맞춘 우주 시계가 존재하는 것처럼 여겨서는 안 된다는 것이다. 우주 속의 모든 물체는 각각의 고유한 시간을 가지고 있으므로, 시간에는 지역적인 조건이 있다고 봐야 한다. 마치 일기예보 같은 상황이다. 각 지역마다 다르게 나타나는 날씨처럼 시간도 그렇다는 것이다. 게다가 프랑스어의 '시간(temps)'이라는 단어에는 '날씨'라는 뜻도 존재한다.

한편 각기 다른 시간을 가진 물체들이 조우하거나 신호를 주고받을 때, 우리는 그 시간들이 서로 연결되는 방식을 명확하게 표현할 수도 있다. 이를 위해서는 수학적 서술을 통해 세상을 표현할 때 '시간'과 '공간'이라는 분리된 개념 대신 '시공간'이라는 개념을 사용해야 한다. 시공간이란 일종의 모든 시간과 모든 공간의 집합 같은 것이다.

이러한 내용들은 한 세기도 더 전에(아인슈타인이 특수상대성이론을 발표했던 1905년에) 밝혀진 것들이다. 그럼에도 불구하고 아직도 모든 사람들이 널리 알고 있는 지식이 되지는 못했다. 하지만 그다지 놀랄 만한 일은 아니다. 과거에 개념적 혁명이 일어났을 때에도 항상 비슷한 상황이 연출되었기 때문이다.

코페르니쿠스 혁명만 봐도 그렇다. 코페르니쿠스가 지동설을 발표한 후에도 사람들은 오랫동안 태양이 지구를 돌고 있다고 믿었다. 그럼에도 불구하고 과학 연구는 계속되어야 한다. 모든 사람이 뒤따라오기를 기다렸다가 전진할 수는 없다.

시간의 부재

오늘날 양자중력을 통해 얻은 새로운 사실은 공간이 존재하지 않는다는 것이다. 앞에서 이야기했던 것과 같이 망처럼 연결된 알갱이들의 확률운으로 이루어진 중력장만이 존재할 뿐이다. 이 아이디어와 특수상대성이론을 연결해서 생각해본다면, 시간과 공간은 긴밀하게 이어져 있으므로 공간의 부재는 결국 시간의 부재를 의미한다는 결론에 이르게 된다. 이것은 양자중력의 공식으로 확인할 수 있는 사실과도 정확하게 일치한다. 시간변수 't'는 휠러-디윗 방정식을 비롯한 모든 양자중력 방정식 그 어디에서도 찾아볼 수 없다.

시간은 존재하지 않는다. 그러므로 직관적인 차원에서는 받아들이기 어려운 일이지만 이 세상을 비시간적인 표현을 통해 이해하는 방법을 배워야 한다.

그런데 시간이 존재하지 않는다는 말은 정말 무엇을 의미하는 것일까?

학교에서 가르치는 고전물리학에서는 거의 모든 방정식

에 시간이 포함되어 있다. 방정식에서 시간을 나타내는 변수는 보통 't'라는 글자로 표현된다. 방정식들은 시간의 흐름에 따라 사물이 어떻게 바뀌는지를 보여주고, 과거에 일어난 일을 알고 있다는 전제 아래 미래의 어느 순간에 일어나게 될 일을 예측한다. 구체적으로는 방정식을 통해 물체의 위치 A, 진동하는 진자의 진폭 B, 물체의 온도 C 등의 변수들을 측정하고, 이 변수들이 어떻게 변화하는지 예측할 수 있다. 즉, 시간 t의 흐름에 따른 변수들의 변화를 표현하는 함수 A(t), B(t), C(t)로 나타낼 수 있는 것이다. 그런데 이런 표현 방식은 어디서 나왔을까?

지구상의 물체들의 움직임을 시간변수에 따른 A(t), B(t), C(t) 등의 방식으로 표현할 수 있다는 것을 깨달아 이러한 표현 방식을 최초로 수립한 인물은 바로 갈릴레이이다. 갈릴레이의 연구는 코페르니쿠스의 지동설 주장에서 시작된 고찰의 연장선상에 놓여 있다. 그는 지동설을 진지하게 받아들이고 그로부터 천재적인 직관을 끌어낸 최초의 인물이었다. 당시에는 하늘에 있는 물체들의 움직임을 지배하는 정확한 법칙이 존재하며 이를 통해 천체의 위치를 예견할 수 있다는 것이 이미 밝혀져 있었다. 이에 갈릴레이는 정말 지구가 여느 별들과 다를 바 없는 하나의 행성이고 천체의 일부일 뿐이라면, 지구상의 물체들의 움직임을 지배하는 법칙 또한 존재할 것이라고 생각했다. 그리고 연구 끝에 이 법칙들을 찾아내는 데 성공했다.

갈릴레이의 첫 번째 물리법칙은 물체가 어떻게 낙하하는지를 보여준다. 이것은 매우 간단한 법칙으로, 낙하하는 물체의 이동거리 x는 시간 t의 제곱에 비례한다는 내용이다. 즉, 시간이 두 배 늘어나면 이동거리는 네 배로 늘어난다는 것이다. 이것을 방정식으로 나타내면 $x=1/2at^2$가 되며, 여기서 a는 숫자(가속도)이고 1/2은 공식을 도출하는 과정 중에 붙은 것이다. 갈릴레이는 경사면에서 구슬을 굴렸을 때 나타나는 움직임을 연구하면서 경험을 통해 이 법칙을 찾아냈다. 이 법칙을 확인하기 위해서는 두 가지 측정값이 필요했다. 하나는 경사면을 따라 구르는 구슬의 위치 x이고, 다른 하나는 시간 t였다. 특히 시간 t를 측정하기 위해서는 시계라는 측정 도구가 필요했다.

하지만 당시에는 정밀한 시계가 존재하지 않았다. 그런데

|그림 8| 갈릴레이는 피사 대성당의 샹들리에가 천천히 흔들리는 동안 맥박수를 세면서 진자가 진동하는 주기가 항상 일정하다는 사실을 발견했다.

갈릴레이는 어린 시절 시계를 만들 방법을 알아냈다. '진자'의 진동이 진폭의 크기와 상관없이 항상 동일한 주기를 가진다는 사실을 깨달았던 것이다. 결국 진자가 진동하는 횟수만 세면 정확한 시간을 측정할 수 있었으므로 그는 진자의 진동수를 통해 시간을 나타내는 변수 t를 측정했다.

갈릴레이가 이러한 사실을 깨달은 것은, 어린 시절 피사

대성당의 샹들리에가 흔들리는 모습을 관찰하다가 직관을 얻었기 때문이라는 전설적인 일화가 전해진다.(그러나 이것은 사실은 아니다. 지금까지도 남아 있는 피사 대성당의 샹들리에는 그로부터 한참 후에 처음으로 달린 것이기 때문이다. 어쨌거나 재미있는 일화임은 분명하다.) 미사 시간에 대성당 의자에 지루하게 앉아있던 갈릴레이는 천장에 매달린 샹들리에의 움직임을 관찰하던 중 이를 맥박과 비교해보기 시작했다. 흔들리는 폭이 점점 작아지는 동안 여러 차례 맥박수를 다시 세어보니, 샹들리에는 매번 일정한 맥박수에 맞춰 흔들리고 있었다. 이에 갈릴레이는 모든 진동이 일정한 주기를 가지고 있다는 결론을 내리기에 이르렀다.

결과적으로는 참으로 아름다운 이야기이다. 하지만 조금 더 깊이 생각해보면 이 이야기가 시간 문제의 기초적 차원에 의혹을 남겼음을 알 수 있다. 갈릴레이는 어떻게 심장박동이 항상 규칙적이라고 확신할 수 있었을까? 한편 몇 년뒤부터는 병원들이 환자의 맥박을 측정하기 시작했는데, 여기에는 짧은 추로 움직이는 진자시계가 사용됐다. 결과적으로 진자운동의 규칙성을 확인하기 위해 맥박을 이용하고, 맥박의 규칙성을 확인하기 위해서는 진자운동을 이용한 셈이다. 순환논법일 뿐이지 않은가? 이것은 무엇을 의미할까?

이것은 우리가 시간 그 자체를 '절대로' 측정할 수 없다는 것을 의미한다. 우리는 항상 시간이 아닌 물리적 변수 A, B, C(진동, 맥박, 태양운행주기 등)를 측정하고, 늘 이 변수를 다른 변수와 비교하고 있을 뿐이다. 결과적으로 우리가 측정하고 있는 것은 A(B), B(C), C(A)와 같은 함수에 지나지 않는다. 현대 시대에서도 마찬가지이다. 오늘날 가장 정교하다고 손꼽히는 시계들도 주기적 현상(세슘 원자의 진동 등)에서 주기가 돌아오는 횟수를 기반으로 시간을 표현하고 있다. 이 진동주기들이 진자의 진동이나 맥박보다는 훨씬 더 안정적이고 정확하기는 하지만, 우리는 여전히 자연적 현상을 '세고' 있을 뿐, 시간 그 자체를 측정하고 있는 것은 아니다.

물론 시간을 직접 측정할 수 없어도 모든 일 뒤에 변수 t, 즉 '진짜 시간'이 존재한다고 보는 것은 매우 유용한 가정법이다. 이를 통해 물리적 변수들을 관측불가능한 t의 함수로 보고 이 변수들에 대한 모든 방정식을 작성할 수 있다. 이 방정식은 시간변수 t에 따라 사물들이 어떻게 변화하는지(진자가 한 번 진동하는 데 걸리는 시간, 맥박이 한 번 뛰는 데 걸리는 시간 등)를 보여준다. 하지만 사실 이것은 먼저 한 변수에 따라 나타나는 다른 변수의 변화(진자가 한 번 진동하는 동안 맥박이 뛰는 횟수, 지구가 한 번 공전하는 동안 진자가 진동하는 횟수 등)를 계산하고 가장 안정적인 변수를 다른 변수의 측정 기준으로 삼은 것일 뿐이다. 초(second) 역시도 항상 특정 자연 현상에서 나타나는 주기의 반복 횟수를 통해 규정되어 왔다. 나중에 이러한 방식으로 얻어낸 예측 결과와 실제 관측 결과를 비교해보니, 이 도식이 복잡하긴 하지만 적절하며 특히 시간변수 t를 직접 측정할 순 없을지라도 것이 매우 유용하다는 결론을 내릴 수 있었다. 다시 말해, 보편적 변수인 '시간'의 존재는 관찰을 통해 얻은 결과가 아닌 하나의 가정일 뿐이었던 셈이다.

뉴턴은 이 방식으로 많은 것들을 통합할 수 있다는 것을 깨달았고, 이렇게 과학을 다루는 방식을 공식화하고 확립했다. 그는 '진짜 시간' t를 측정할 수는 없지만, 만약 시간이 존재한다고 가정한다면 자연을 이해하고 설명하기 위한 매우 효율적인 도식을 얻을 수 있다고 분명하게 단언하기도 했다.

이제 다시 우리 시대로 돌아와 양자중력과 '시간은 존재하지 않는다'는 주장의 의미를 살펴보도록 하자. 시간이 존재하지 않는다는 것은, 간단히 말하면 뉴턴의 이론적 도식이 무한히 작은 차원을 다루는 경우에는 적용되지 않는다는 의미이다. 뉴턴의 이론은 훌륭한 전략이었지만, 거시적인 현상, 즉 우리가 사는 세상의 차원에서 일어나는 일에서만 유효했다.

이 세상을 보다 폭넓게 이해하고, 익숙하지 않은 방식으로 표현하려면 더 이상 유효하지 않은 기존의 도식은 버려야 한다. 시간 t가 스스로 흘러가고 다른 모든 것들이 그에 따라 변화한다는 생각은 더 이상 현실에 상응하지 않는다. 시간 t에 따른 변화를 나타내는 방정식으로는 미시 세계를 표현할 수 없기 때문이다.

물리학을 공부하는 학생이 이러한 개념에 처음 직면하면 이내 혼란에 빠지고 말 것이다. 시간변수 t가 없는 방정식이라니? 그럼 물리적 체계의 변화를 어떻게 표현할 수 있단 말인가? 하지만 점차 시간이 지날수록 시간변수가 필수적인 것은 아니라는 사실을 깨닫게 될 것이다. 뉴턴이 고안한 추상적이고 절대적인 개념인 '시간'과 꼭 연관시키지 않아도, 무엇이든 다른 변수들을 통해 표현할 수 있기 때문이다.

이를 공식화하려면 '실제로' 관측할 수 있는 변수 A, B, C 등의 목록을 한정하고, 그 변수들 사이의 관계를 수립해야 한다. 즉, 관측 '불가능'한 A(*t*), B(*t*), C(*t*) 대신 관측 가능한 변수들을 사용한 A(B), B(C), C(A) 등을 사용해야 한다. 예를 들어 시간에 따른 맥박수, 시간에 따른 진자의 변화를 측정하는 것이 아니라, 두 변수를 상호 비교할 때 어떤 식으로 변화하는지를 보여주는 방정식을 세우면 된다. 한 변수의 어떤 값이 다른 변수의 어떤 값과 상응하는지를 찾아내는 것이다.

결과적으로, 공간과 마찬가지로 시간 역시 관계적인 개념이 된다. 시간은 사물들의 다양한 상태 사이의 관계를 나타낼 뿐이다.

이것은 수식상으로는 아주 작은 변화이지만 개념적 측면

에서 볼 때는 거대한 전진이다. 우리는 이 세상이 시간에 따라 변화하는 것이 아니라, 다른 방식으로 변화하고 있다는 것을 이해할 수 있어야 한다. 근본적으로 시간은 존재하지 않는다. 시간이란 각각의 물체가 다른 물체에 비해 변화하는 방식일 뿐이다.

최근 기초물리학에서는 공간과 시간의 존재를 제외한 새로운 세계관이 정착되고 있다. 오래전 과학적 세계관에서 지구가 '우주의 중심'이라는 개념이 사라졌던 것처럼, 관용적인 공간과 시간의 개념 역시 기초물리학의 범위 안에서 '사라지게 될 것'이다. 그리고 물체들 간의 관계라는 개념이 그 자리를 대신할 것이다.

이것은 매우 급진적인 사고방식의 혁명이지만, 나는 우리가 방정식 안에 시간변수를 개입시키지 않고 다르게 세상을 이해하는 방법을 반드시 받아들여야 한다고 생각한다.

그러나 나의 가장 친밀한 동료들조차도 이러한 의견에 완전히 동의하는 것은 아니다. 최근 절대적 시간 개념에 지극한 찬사를 보내는 책 한 권이 나왔는데, 이 책의 저자는 다름 아닌 내 평생의 동료이자 친구인 리 스몰린이다.

시간을 부활시키다

나와 함께 루프이론의 시작을 함께했던 리 스몰린은 저서《시간의 부활(Time Reborn)》을 통해 절대적인 시간 개념을 옹호하는 단호한 입장을 취했다. 그가 펼치는 주장과 상세한 논거들의 목적이 '오로지' 시간이란 것이 존재하고 그것이 세상을 구성하는 핵심 전제라는 것을 강조하기 위한 것이라는 사실은 어쩌면 독자들에게는 다소 황당한 일일지도 모른다. 시간의 존재성을 증명할 필요가 있다고 생각할 일은 좀처럼 없기 때문이다. 굳이 지구의 존재 여부를 따지는 사람이 없는 것과 마찬가지다.

그러나 오늘날의 물리학, 특히 양자중력학은 시간의 존재에 의문을 제기하게 한다. 스몰린은 책 속에서 우리가 시간에 대한 기존의 입장을 유지하는 것이 이 세상을 이해하는 데 왜 더 많은 기회를 제공하는지 설명하고 있다.

그의 주장은 끊임없는 문제 제기에 기반을 두고 있다. 수백 년 전부터 이론물리학이 품어온 야망, 즉 보편적이고 '비시간적'인 법칙을 추구하는 데 반기를 드는 것이다. 그는 자연을 이해하기 위해 언제 어디서나 성립되는 절대적인 법칙을 부여하는 것은 잘못된 방법이라고 말한다. 다른 모든 자연법칙이 그러하듯 물리법칙들 자체도 가변적일 수밖에 없으며, 보편적이고 비시간적이라고 믿었던 법칙들도 역사 속의 법칙들로 귀결되리라는 것이다. 그는 또한 이론물리학의 근간이 되는 법칙들을 포함해 모든 자연 법칙도 결국 특정 순간, 특정 시기 동안에만 유효한 일시적인 규칙이 된다고 주장한다. 그러므로 단순히 시간변수가 빠진 자연 법칙을 세우는 데서 그치지 않고, 물리학 자체도 역사 속의 하나의 장(章)으로 보아야 한다는 것이다.

그가 보여주는 이러한 극단적인 입장은 물론 전례가 없는 것은 아니지만 분명 흔히 있어왔던 것도 아니다. 스몰린은 로베르트 웅거(Roberto Unger, 1947~)와의 공동 작업을 통해서도 같은 결론을 내렸다. 웅거는 사회, 정치, 법, 경제 등의 이론 분야를 두루 섭렵한 철학자이지만 과학철학과는 꽤 거리가 있는 인물이다. 또한 스몰린이 주장한 기초 논제 자체도 찰스 퍼스(Charles Peirce)로 대표되는 미국식 고전 실용주의에 뿌리를 두고 있으며, 웅거와 스몰린의 주요 논거는 관측 가능한 우주가 빅뱅부터 오늘날까지 하나의 역사를 가지고 이어져왔다는 것을 밝혀낸 20세기의 현대 우주론에 기인하고 있다. 우주는 여러 단계에 걸쳐 변화해왔고, 생물학, 화학, 고전물리학, 입자물리학, 중력물리학 등의 '법칙'들이 그 모든 시대마다 늘 '지배적'으로 적용될 수는 없었다. 하나의 법칙이 힘을 얻기 위해서는 여러 조건들이 필요하고, 이 조건들을 특정 시점이 지나야 형성된다. 예를 들어 빅뱅 이후 많은 시간이 흐른 뒤에야 원자가 생성되었으므로, 원자를 기반으로 하는 화학법칙은 그 전까지는 존재할 수 없었을 것이다. 비유하자면, 사람들이 체스를 두기 시작하기 전에는 당연히 체스 규칙도 없지 않았겠는가. 결국 우리가 지닌 모든 과학 지식은 빅뱅 직후 혹은 빅뱅으로부터 한참 후에 이어진 우주의 시대와 연관되어 있을 수밖에 없는 법이다. 빅뱅 이전에 대해서는 현재 확립되어 있는 자연 법칙들이 우리가 아는 것과는 전혀 다른 형태였을 수 있다는 것 외에는 아무것도 알 수 없다. 여기서 스몰린은 그런 중에도 우리가 믿을 수 있는 지식적 요소 한 가지가 존재하는데, 그것이 바로 시간이라고 말한다. 시간이야말로 이 세상은 물론 이 세상을 지배하는 법칙들에 변화를 일으켜온, 계속 존재하고 흘러온 요소라는 것이다.

나는 이 주장에서 몇 가지 관념 사이의 혼란이 일어날 수 있다고 본다. 그 관념들은 다음과 같다.

(i) 오늘날 우리가 알고 있는 '보편적' 법칙들의 정당성 정도

(ii) 궁극적이고 보편적으로 타당한 만물의 이론에 곧 도달하리라는 희망

(iii) 정당성이 더욱 증가한 법칙에 대한 추구

(i) 과학적 소양을 가진 사람들이라면 누구나 오늘날 우리가 알고 있는 '보편적' 법칙의 정당성이 제한적이라는 사실에 동의할 것이다. 과학이론의 위대한 발전이 내놓은 여러 결론은 근사적인 것들이었고, 새로운 근사적 결론이 나오면 기존의 결론은 대체되기 일쑤였다. 케플러의 행성운동법칙은 큰 성공을 거두었지만, 모든 물체가 서로 끌어당기는 힘이 있다는 사실이 밝혀지자 케플러의 법칙은 틀린 것이 되었다. 또한 이 뉴턴의 만유인력법칙도 인류의 가장 위대한 성

취 중 하나로 손꼽혀왔지만 수성의 움직임은 이 법칙에서 벗어나는 것으로 관측됐다. 이후 상대성이론이 등장해 뉴턴의 법칙을 수정하였고 나아가 블랙홀, 빅뱅, 중력파 등을 예측할 수 있게 해주었지만 이제는 상대성이론마저도 양자효과가 강한 차원에서는 적용될 수 없다는 것이 밝혀졌다. 그러므로 우리가 알고 있는 물리법칙들의 유효성이 제한적이라는 사실에는 반론의 여지가 없다. 하지만 그렇다고 해서 이런 법칙들을 '역사'로 여길 수는 없다고 생각한다. 그보다는 지식을 습득하는 과정이야말로 역사가 될 수 있을 것이다.

(ii) 나는 현재 또는 머지않은 미래에 '만물의 이론'을 수립할 수 있으리라는 기대는 허황된 꿈일 뿐이라고 생각한다. 우주에 대한 완벽한 이론을 곧 수립할 수 있을 것이라고 기대하기에는 아직도 우리가 다룰 수 없는 능력 밖의 요소들이 너무 많다. 우리는 분명 우주에 대한 궁극적인 법칙을 알지 못한다. 그러나 그렇다고 해서 오늘 옳다고 여긴 것이 내일 틀릴 것이라는 의미는 아니다.

(iii) 게다가 보다 광범위한 타당성을 지닌 법칙을 세우기 위해 적용 범위가 넓은 개념과 규칙성을 찾아가는 것은 과

학적 여정의 핵심 그 자체이다. 원칙적으로 과학의 근본적인 목적을 공격한다면 그것은 '목욕물을 버리려다 아이까지 버리는 격'이 되고 만다. 물론 물리법칙들은 제한적이지만, 그렇다고 물리학을 우연한 사건들의 연속일 뿐이라고 여겨야 하는 것은 아니다. '역사적'인 관점은 우연하고 예기치 못한 일들이 일어나는 현실을 우리가 서술할 수 있는 사건들을 통해 이해하는 것이다. 물리학의 보다 분명한 목표는 현실을 서술하는 다른 방식을 찾아내 이 우연한 사건들을 보다 근본적인 결정론으로 설명하는 것이다. 그리고 우리는 특정 상태와 어떤 체계와 어떤 근사법 내에서는 '보편적으로' 타당한 법칙들을 수립할 수 있음을 경험을 통해 배워왔다. 따라서 이러한 물리학의 목표를 포기하는 것은, 돌칼 이래로 인류가 만들어낸 가장 예리한 도구를 버리겠다는 것과 마찬가지이다.

현재의 물리학(고전물리학) 법칙들은 우주 어디서나 유효하게 적용되지는 않는다. 우리는 빅뱅이 일어난 시기로 거슬러 올라가거나 블랙홀의 증발에 대해 논할 때에는 이 법칙들이 더 이상 '작동'하지 않는다는 사실을 알고 있다. 그러나 우리가 접근할 수 있는 세상을 더 광범위하게 아우르는 이론을 찾을 수 없다고 생각해야 하는 것은 아니다. 끈질기게 매달리지 않고 이러한 보편적 법칙을 포기해버린다면 우주를 이해하게 될 기회를 어찌 얻을 수 있겠는가? 관측 가능한 우주에는 분명 역사가 존재하고 이 역사의 각 단계마다 각기 다른 물리법칙들이 적용되어온 것이 사실이지만, 이 사실 때문에 알려진 법칙들이 매우 포괄적으로 적용될 수 있다는 것을 부정할 수는 없다. 현대 우주론의 가장 놀라운 부분은, 원자가 형성되기 전에는 화학이 유효하지 않았다는 사실이 아니다. –이것은 동어반복에 지나지 않는다– 오늘날 발견된 법칙들이 초기 우주의 순간들을 믿을 수 없을 만큼 매우 효과적으로 서술해주고 있다는 것이야말로 가장 놀라운 일이 아닐 수 없다. 특히 입자들에 대한 법칙의 경우, 초기 우주와 지금의 우주가 온도, 에너지 밀도 등의 조건들이 전혀 다름에도 불구하고 130억 년 동안 동일하게 작용해왔다. 그 누가 이런 결과를 예상할 수 있었겠는가?

이처럼 현대 우주론은 물리법칙들이 계속해서 변화한다

는 주장에 힘을 실어주지 않는다. 오히려 우주론을 통해 물리법칙들이 생각보다 덜 변화한다는 것이 드러나고 있다. 자연을 이해하기 위해 광범위한 규칙과 보편적인 개념들을 추구하는 것은 물리학의 원동력 그 자체이다.

시간의 부재는 중력에 대한 양자이론을 수립하기 위해 필요한 핵심적인 노력 중 하나이다. 하지만 여기서 말하는 시간이 없는 세상을 얼어붙은 세상, 불변하는 세상과 같은 순진한 개념과 혼동해서는 안 된다. 계속 '흘러가는' 보편적인 단일 시간의 개념이나 기초 방정식 속 변수 't'만으로는 현실 세계의 시간적인 측면을 제대로 서술할 수 없다는 의미일 뿐이다.

그러므로 시간을 실재성이 결여된 개념으로 전제하자는 것이 아니다. 시간은 당연히 실재성을 지니고 있다! 위와 아래, 빨강과 파랑, 단맛과 짠맛, 뜨거움과 차가움 같은 개념들이 모두 실재성을 가지고 있는 것과 마찬가지이다. 예를 들어 뜨거움이나 차가움 같은 개념은 당장 프라이팬만 만져봐도 현실적으로 확인할 수 있지 않은가. 그러나 물리학에서는 기초적 차원의 자연을 서술할 때 이러한 개념들을 사용하지 않는다. 특정한 단계나 특정 상황에서 존재하는 개념과, 기초적 차원으로 자연을 서술하는 데 필요한 개념은 엄연히 다르다. 실제로 각각의 원자에는 색도, 맛도, 온도도 존재하지 않는다. 따라서 기초적 차원에서 세계를 이해하기 위해서는 이런 개념들로부터 벗어나야 한다. 마찬가지로, 나는 세상을 이해하기 위해서는 변수 t라는 개념으로부터도 벗어나야 한다고 생각한다.

우리가 공유하고 있는 시간 개념은 함축적 가정과 전제들이 가득한 다층적이고 다면적인 개념이다. 시간은 전부 받아들이거나 전부 버려야 하는 일괄적인 개념이 아닌, 인간의 감각이 지닌 한계 때문에 뒤섞여 나타나는 직관적인 개념이다. 만약 우리가 별다른 도구 없이도 빛의 속도나 10^{-9}초 같은 차원을 인식할 수 있었다면, 시간성에 대한 우리의 직관적 개념은 완전히 달라졌을 것이다. 그러므로 비상대론적인 경험을 바탕으로 시간을 직관적으로 이해하거나, 시간 자체를 통째로 부정해 이 세상을 얼어붙게 만드는 것 중 하나를 선택해야 한다고 말하는 것은 지나친 단순화이다.

스몰린과 나는 처음 협력하기 시작했던 연구 초기부터

늘 열정적으로 논의를 지속해왔고, 서로 대립적인 의견을 내는 경우도 많았다. 이것이 바로 과학의 매력이다. 완전한 대립을 이루면서도 그러한 대립 때문에 이루어지는 토론을 통해 서로 배움을 얻을 수 있고, 반대되는 의견을 가지고 있을지라도 친형제처럼 가까이 지낼 수 있는 것이다.

알랭 콘과 열(熱)시간

미국에 있는 동안 내 연구 중 많은 부분은 양자중력에 의해 발생하는 기술적, 개념적 문제들과 연관되어 있었다. 시간변수가 없는 이론을 수립하고 그 의미를 파악하기 위함이었다. 그러한 문제 중 하나는 다음과 같다. 만약 시간이 근본적으로 존재하지 않는다면, 지금 흐르고 있는 이 시간, 즉 우리가 느끼는 시간은 무엇일까? 거시적 세계의 주된 특징이기도 한 이 시간은 어디서 오는 걸까? 1990년대 말, 나는 이 문제를 해결하기 위한 한 아이디어를 집중적으로 연구했다. 이것은 내 인생에 지대한 영향을 미쳤다. 그 아이디어 덕분에 새로운 친구를 만날 수 있었고, 유럽으로 돌아가 새로운 지식의 여정을 시작할 수 있었다.

우주는 광활하고 매우 복잡한 곳이다. 우주에는 수십억 개가 넘는 입자가 존재하고, 장을 설명해주는 변수들은 그보다도 더 많다. 우리는 어떤 문제의 모든 변수를 전부 제어할 수는 없다. 변수를 통제할 수 있는 경우(즉 매우 단순한 문제의 경우)에는 해당 시스템이 동력학적 방정식의 지배를 받는다는 것을 확인할 수 있으며, 앞서 살펴봤듯 기초적 수준에서는 시간을 찾아볼 수 없다. 그러나 대부분의 경우, 시스템을 결정하는 무수히 많은 변수 중 우리가 측정할 수 있는 것은 극히 일부에 불과하다. 예를 들어 특정 온도의 금속 조각에 대해 연구한다면, 그 조각의 온도, 길이, 위치 등은 측정할 수 있지만 온도의 원인이 되는 원자 각각의 미시적 운동은 당연히 측정할 수 없다. 따라서 그러한 경우 시스템의 물리적 상황을 기술하기 위해서 동역학적 방정식과 함께 통계역학 및 열역학 방정식을 추가로 사용한다. 통계역학은 시스템의 모든 미시적 변수들의 운동을 정확히 알지 못하더라도 예측을 할 수 있게 해준다. 또한 열역학은 많은 입자로 이뤄진 시스템을 연구할 수 있게 해주는 물리학의 한 분야로 입자들을 개별적인 차원에서가 아닌 통계적 형태로 법칙을 활용하여 서술할 수 있다.

시간과 무관한 근본적 이론으로부터 거시적인 차원의 시간을 찾아낼 수 있다는 아이디어는 바로 시간은 오직 통계열역학적인 맥락에서만 나타난다는 관점에서 나왔다. 다시 말해 시간이란 미세한 규모의 차원에서 일련의 과정을 거쳐 만들어지지만 보다 큰 규모, 즉 거시적인 차원에서만 드러나는 창발 현상이라는 것이다. 다르게 표현하자면 시간은 이 세상의 세부 요소를 인식하지 못하는 데서 오는 '무지의 효과'라고 볼 수 있다. 만약 우리가 세상을 이루는 모든 세부요소를 원자 규모로 파악할 수 있다면 시간의 흐름을 느낄 수 없었을 것이다. 하지만 인간이 지닌 감각의 한계 때문에 평균값과 결과 정도밖에는 인지할 수 없고, 바로 여기서 시간이라는 전반적인 개념이 파생된 것이다. 마치 수많은 분자들이 진동할 경우 전반적인 차원에서는 열을 느낄 수 있게 되는 것과 같은 맥락이다. 그러나 이것을 분자 차원에서 볼 때는 진동 운동만이 나타날 뿐 열을 지닌 분자를 찾아볼 수는 없다.

나는 시간이 하나의 창발 현상이라는 아이디어에 대해, 그리고 이것을 뒷받침할 수학적 아이디어에 대해 많은 연구를 했다. 우리가 제한적인 인식을 가지고 있을 때 어떻게 시간이 존재하지 않는 세계에서 시간의 흐름과 관련된 특유의 현상들이 나타나게 되는지를 수학적으로 입증해야 했기 때문이다. 그러던 어느 날, 나는 영국 케임브리지의 아이작 뉴턴 연구소(Isaac Newton Institute)를 찾았다. 이곳은 과학자들을 한데 모아 아이디어를 나눌 수 있게 하겠다는 하나의 목표를 가지고 전 세계의 많은 과학자들을 두루 초청하는 훌륭한 연구기관 중 하나이다. 하지만 나는 케임브리지 대학교 전체에 깔려 있는 짐짓 젠체하는 분위기가 마음에 들지 않았고, 시간을 낭비하는 것 같다고 생각하면서 억지로 저녁 시간을 보내고 있었다. 그런데 그때 내 옆자리에 대단한 사람이 앉아 있다는 사실을 알았다. 그게 바로 알랭 콘(Alain Connes, 1947~)이었다.

현존하는 가장 위대한 수학자 중 한 명인 알랭 콘은 학계에서도 국제적인 찬사를 수없이 받아왔다. 알랭과 대화를 나누면서 나는 그가 어린아이 같은 열정과 열의를 지니고 있다는 사실을 알 수 있었다. 그는 수학뿐만 아니라 물리학에도 상당한 지식과 아이디어들을 가지고 있었고, 실제로 이미 물리학 분야에서도 놀랄 만한 성과를 내고 있었다.

그날 저녁 서로 옆에 앉은 우리는 케임브리지 특유의 지루하고 딱딱한 분위기 속에서도 다양한 과학 주제들에 대해 이야기를 이어갔다. 몇 잔의 와인이 오간 뒤 알랭은 지나가듯이 이런 말을 던졌다. "저는 시간이 어떻게 발현되는지를 표현할 만한 괜찮은 아이디어를 가지고 있어요. 그런데 아무도 그걸 진지하게 들어주지를 않네요." 나는 펄쩍 뛰며 자세한 내용을 물었다. 알랭이 기술적인 부분까지는 언급하지 않으려 했던 탓에 나는 거의 조르다시피 해서 이야기를 끌어냈다. 결국 그는 냅킨 위에 포크로 그래프를 그리고 빵 부스러기를 놓아가며 자신의 아이디어를 설명하기 시작했다. 흐릿한 순간들이 지나간 뒤 마침내 나는 알랭이 말하는 아이디어와 내가 지금까지 연구해왔던 아이디어가 정확히 일치한다는 사실을 깨달았다. 나는 당장 방으로 달려가 내가 발표했던 관련 연구 자료들을 챙겨 내려왔다. 우리가 사용한 수학 방식이 너무 다르긴 했지만 알랭은 나의 연구 내용들이 그가 주장한 내용에 해당하는 하나의 케이스일 뿐임을 깨달았다.

과학자는 어떤 새로운 아이디어를 수립할 때, 보통 자신의 주장이 정답이라고 믿는 경향이 있다. 이 주장을 믿어주는 사람이 한 명도 없다 해도 여전히 남들이 틀렸고 자신이 옳다고 믿는 경향이 있다. 다만, 그렇게 굳게 믿더라도 여전히 일말의 의혹이 남는다. 그런데 자신과 상관없는 또 다른 과학자가 동일한 아이디어를 주장하고 있었다는 것을 깨닫게 되면 '우리'가 맞고 남들은 그것을 '전혀 이해하지 못하고 있다'고 믿고 싶은 마음이 견딜 수 없을 만큼 커진다.

우리는 결국 각자가 이해한 측면을 묶어서 이 내용에 대한 한 편의 논문을 발표했다. 나는 새 친구를 얻게 되었다. 알랭은 지식적 열정과 탁월한 지혜를 지닌 훌륭한 친구였다.

시간을 창발 현상으로 간주하는 우리의 아이디어는 양자역학과 열역학에서 출발한 것이었다. 그래서 나는 여기에 '열(熱)시간'이라는 이름을 붙였다.

열시간은 변수가 많을 때, 즉 열역학적 상황에서만 의미가 있다. 오로지 그러한 상황에서만 불가역성, 기억성, 지향성 등 시간적인 특징이 나타나는 것이다. 보다 근본적으로는 그러한 시간성의 근원이 양자역학의 비가환성과 관련이 있다고 볼 수 있다. 양자역학에서는 연산 순서를 서로 교환할 수 없다. 즉, 연산 A를 한 후에 연산 B를 하는 것과, 연산 B를 한 후에 연산 A를 하는 것은 동일하지 않다. 바로 이것이 시간의 근본적인 출발점인 셈이다.

열역학계에서의 반응은 확률적이며 엔트로피는 '시간에 따라' 상승한다. 우리가 실제로 경험하는 시간은 이렇게 만들어진다. 반대로 열역학계가 아닌 경우(예를 들어 공간 속에서 단 하나의 원자 또는 입자만이 이동하는 경우)라면 엔트로피와는 아무런 연관성이 없으므로 시간이라는 전형적인 현상들도 나타나지 않을 것이다. 여기서는 모든 것이 가역적이고, 시간이 특별한 변수로 여겨지지도 않을 것이다.

다시 '위'와 '아래'의 개념으로 돌아가 보자. 상하개념은 우리의 일상적 경험에 자리 잡은 근본적인 개념이지만 고전물리학의 기초방정식에는 등장하지 않는다. 우주에도 상하개념은 존재하지 않는다. 모든 방향이 동등하기 때문이다.

물론 지구(또는 화성)에서는 중력장 때문에 모든 물체가 '아래'로 낙하한다. 하지만 엄밀히 말하면 물체가 아래로 향하는 것이 아니라, 도리어 물체가 낙하하기 때문에 아래라는 것이 '존재'할 수 있게 되는 셈이다. 그러므로 아래라는 개념은 지구가 가진 지역적 조건에 의해 정의된 것이며, 이 지역의 중력장에 의한 산물이고 효과이자 결과다. '아래'는 그저 '낙하의 방향'에 지나지 않는다.

시간도 마찬가지다. '전'과 '후'라는 개념은 근본적으로 아무런 의미도 갖지 못한다. 단 하나의 양성자에는 이전도 이후도 존재하지 않으며, 관련 방정식에도 시간변수는 등장하지 않는다. 그런데 어떤 동물, 이를 테면 한 앵무새의 내장기관 속 액체 안에 속해 있는 분자의 경우라면 이러한 조직화의 각 단계들은 열역학 법칙들과 엔트로피를 만드는 통계적 상태를 따른다. 그리고 바로 여기서 시간이라는 개념이 등장한다.

결국 '시간'은 그저 '엔트로피화의 방향'에 지나지 않는다. 엔트로피의 증가가 관찰되는 방향을 시간이라고 부를 뿐이다. 물체가 낙하하기 때문에 아래라는 개념이 생겨나듯, 엔트로피가 증가하기 때문에 시간이라는 개념이 생겨난 것이다.

아래는 '물체가 낙하하는 방향'이고, 시간은 '열이 식는 방향'인 셈이다.

한편, 당시 나는 미국에서 거주한 지 10년이 되어가고 있었고, 점점 미국 생활에 염증을 느끼기 시작하던 참이었다. 유럽으로 돌아가고 싶은 마음이 간절했지만 유럽에서 어떻게 자리를 찾아야 할지 막막했다. 그러던 차에 알랭과 공동 연구를 하게 된 것은 진정 하늘의 뜻이었다. 과학계는 마치 태양왕의 궁정과도 같은 곳이다. 궁정의 문을 열기 위해서는 왕의 곁에 있기만 하면 되기 때문이다. 알랭은 약간 무정부주의적인 구석이 있긴 했지만, 어쨌든 왕은 왕이었던 모양이다. 알랭과 함께 한 연구 내용을 발간하고 몇 달 뒤, 나는 프랑스 마르세유 뤼미니 대학의 이론물리학연구소(Centre de Physique Théorique de Luminy)로부터 전화 한 통을 받았다. 마르세유로 건너와 연구해보지 않겠냐는 제안이었다. 망설일 이유가 없었다.

유럽으로 돌아오다

미국을 떠나는 것에 아무런 대가가 없었던 것은 아니었다. 무엇보다도 피츠버그에 있는 동안 매일 함께했던 동료들과 헤어지기가 너무도 아쉬웠다. 테드 뉴먼과 헤어져야 하는 것은 특히나 더 아쉬웠다. 그는 아주 뛰어난 과학자이면서도(테드는 가장 일반적으로 알려져 있는 블랙홀의 묘사법을 찾아낸 장본인이다.) 매우 인간적인 사람이다. 기본적으로 정직한 성격을 가지고 있었고, 다른 이들을 살피고 마음 깊이 이해해주며, 어떤 상황에도 미소를 지을 줄 알았다. 내가 이런 저런 일로 화가 잔뜩 나 있을 때면 늘 테드는 아이러니하게도 내 사무실로 찾아와 의자에 털썩 앉은 채(체형도 행동도 꼭 커다란 곰 같았다.) 온화한 미소를 지어 보여서 결국 내 분노마저 사라지게 만들곤 했다. 나에게 테드는 따르고 싶은 본보기였고 믿을 만한 친구이자 기준과도 같은 사람이었다.

과학역사철학연구소를 떠나야 한다는 것도 아쉬웠다. 끈적이는 물엿에라도 빠진 것처럼 만사를 느리고 복잡하게 만드는 유럽과는 너무나도 다른 미국 사회와, 미국인들의 직설적인 솔직함, 인간에 대한 신뢰, 행동하려는 의지에도 안녕을 고해야 했다. 나는 유럽인으로서 미국에 머무는 동안 많은 것을 배웠고, 유럽에서는 쉽지 않았을 여러 시도를 해 볼 수 있었다. 미국은 전도유망한 젊은이들에게 황금 다리를 놔준다. 반면 유럽에서는 자기 차례가 올 때까지 그저 기다리라고 할 뿐이다. 이런 기회들을 통해 내가 미국에서 다양한 관점들을 얻지 못했다면, 지금처럼 과학 분야에서의 활발한 활동을 지속할 수 없었을 것이다.

그럼에도 불구하고 유럽인으로서 겪어야 했던 미국 생활은 꽤나 어려운 것이기도 했다. 인간관계가 달랐고, 가치관도 달랐다. 도시의 극심한 폭력, 인종 간 갈등, 사형제 존속, 모두를 위한 사회보장제도와 의료보험의 부재, 사회 최약층과 최빈층 방치, 부와 권력의 오만함 등, 내게는 견디기 힘든 미국적인 문화 요소가 너무도 많았다.

사회정의에 대한 개념 자체도 유럽과 거의 정반대였다. 미국에서 말하는 사회정의는 누구나 '능력만 있다면' 출신과 관계없이 정상에 오를 수 있다는 것을 의미하지만, 유럽에서 말하는 사회정의는 취약계층, 즉 '능력이 없는' 사람들을 보호하는 것을 의미한다.

미국의 외교정책 역시 도저히 참을 수가 없었다. 미국의 자유와 민주주의라는 이데올로기는 실로 위선적이게도 미국의 제국주의적인 공격과 자국 우월주의의 구실이 되었다. 물론 미국과는 반대로 유럽이 오늘날 정복 욕구를 보이지 않는 것은, 어쩌면 과거의 잘못을 더 이상 반복하지 않으려 하기 때문일 수도 있고, 아니면 단순하게 이제 예전만큼 힘을 가지고 있지 않기 때문일지도 모른다. 어쨌든 미국의 외교정책은 계속해서 폭력성을 드러내면서 세계를 공포에 빠뜨리고 있다. 나는 휴대폰에 미국의 무인정찰기가 어딘가에서 공격을 가해 누군가의 목숨을 빼앗을 때마다 그 사실을 알려주는 어플리케이션을 설치했는데, 알림이 멈추지를 않고 있다.

실제로 미국으로 건너온 대부분의 유럽인들은 초기의 열광적인 시기들을 보낸 뒤 평온하고 관대한 유럽의 정서를 사무치게 그리워하게 된다.

게다가 내가 유럽으로 돌아갈 무렵에는 시대가 또 한 번 바뀌기 시작하고 있었다. 부시 부자의 정권 아래 미국의 시

|그림 9| 배 위에서

민사회를 뒤덮은 맹신, 비관, 공포의 분위기가 확산되고 있었기 때문이었다. 이제는 정말 돌아가야 할 때였다.

그런 미국을 떠나 마르세유에 처음 도착했을 때, 나는 밝은 빛과 태양, 투명한 에메랄드빛 바다, 예스럽지만 시간을 초월한 지중해 특유의 매력, 이 오랜 프랑스 도시에 사는 사람들의 어우러짐을 바라보면서 눈이 부신 듯한 느낌을 받았다. 그러고는 곧장 마르세유와 사랑에 빠지고 말았다.

내가 현재 근무하고 있는 마르세유 뤼미니 대학 소속 이론물리학연구소는 도심에서 약간 떨어진 바다 근처에 위치해 있다. 꾸밈없이 눈부신 자연환경에 파묻혀 있는, 그야말로 연구를 위한 이상적인 장소이다. 집도 바다 근처에 있다. 나는 100년도 더 된 작은 나무 낚싯배 하나를 구해 구석구석을 수리했다. 낡은 삼각돛도 고쳐 달았다. 그리고 일이 없을 때면 이 배에 올라 갈매기들이 활공하는 자연 그대로의 흰 암벽 앞바다를 떠다니곤 한다.

제7장

'모든 것의 최종이론'을 향해

오늘날의 루프이론

프랑스에서 연구를 시작한 지도 거의 15년이 되어 간다. 나는 연구를 지속할 수 있도록 기회를 준 이곳에 고마운 마음을 가지고 있다. 루프를 연구하는 과학자들은 지난 10여 년 사이 대폭 늘어났다. 프랑스만 보더라도 마르세유, 파리, 리옹, 투르, 그르노블 등 각지에서 많은 연구팀들이 루프이론을 계속 발전시키고 있다. 2004년에는 내가 속해 있는 이론물리학연구소의 마크 크네히트(Marc Knecht) 소장이 내게 루프이론에 대한 콘퍼런스를 열자고 제안해왔다. 처음에는 꽤나 망설였지만 결국 그의 설득에 넘어갔고, 결국 현재 캐나다에서 활동하고 있는 리옹 출신의 로랑 프라이델(Laurent Freidel), 루프이론 연구에 많은 시간을 바쳐온 몽펠리에 출신의 필립 로슈(Philippe Roche)와 함께 콘퍼런스를 개최했다. 그 결과는 기대 이상으로 성공적이었고, 덕분에 뒤이어 유럽 각국은 물론 멕시코, 중국, 캐나다 등지에서도 수백 명의 과학자들, 특히 젊은 과학자들이 참석하는 다수의 루프이론 관련 국제 콘퍼런스가 열렸다.

이러한 노력들 덕분에 루프이론은 계속해서 성장할 수 있었고, 더 확실해질 수 있었으며, 견고하며 명료한 이론이 되어왔다. 독일을 중심으로 연구되고 있는 전통적인 루프이론 접근법은 시공간의 시간적 측면과 공간적 측면을 철저히 분리하는 데 기반을 두고 있다. 반면 프랑스, 캐나다, 영국을 중심으로 연구되고 있는 비교적 최신의 접근법은 시간적 측면과 공간적 측면을 비교적 균일하게 다루는 '공변(covariant)'적인 방법이다. 이 두 접근법 사이의 차이는 양자역학의 두 가지 표준공식 사이에서 나타나는 차이와 유사하다. 양자역학에도 슈뢰딩거 방정식을 기반으로 하는 '해밀

토니안' 방식과, 1950년대 리처드 파인만에 의해 개발된 '공변적' 방식이 존재하기 때문이다. 현재 나는 루프이론의 '파인만식' 접근법인 공변적 접근법을 연구하고 있다.

양자역학의 공변적 접근법에서는 물리적 결과를 계산하기 위해 '전이확률', 즉 어떤 일이 관측되었을 때 다른 일이 관측될 확률을 구한다. 파인만에 따르면 전이확률은 가능한 모든 '경로'의 합으로 계산될 수 있다. 양자중력에서의 '경로'는 중력장의 다양한 배치, 즉 시공간의 배치라고 볼 수 있다.

그런데 시간이 존재하지 않는데도 시공간에 대한 이야기를 할 수 있을까? 그렇다. 파인만식 계산에서는 가능하다. 기본 방정식에서 시간 요소가 사라지더라도 정확한 예측이 불가능해지지는 않기 때문이다. 예를 들어 '5초 후'에 낙하하는 물체의 위치를 예측하는 대신, '진자가 다섯 번 진동한 후'의 물체의 위치를 예측하기로 하면 된다. 이러한 방식을 사용하면 현실적인 차원에서는 –우리의 차원, 우리의 경험 체계에서는– 동일한 상황을 가리키면서도 지시적 현상과 절대적 시간 개념의 혼동을 피할 수 있으며, 시공간의 잠재적인 모든 형태에 대한 제약으로부터도 자유로울 수 있다.

또한 스핀 네트워크를 전통적인 공간 개념과는 차이가 있을지라도 계속 '공간'이라는 단어로 지칭할 수 있듯이, 스핀 네트워크가 변화하는 방식, 즉 스핀 네트워크의 변화 '경로' 역시도 '시공간'이라는 단어로 지칭할 수 있을 것이다.

한편 양자역학에서는 확률적 예측만을 이야기한다. 만약 A라는 지점에서 하나의 입자를 발견한 경우, B라는 지점에서 그 입자를 발견하게 될 확률을 계산하는 것이다. 이 계산을 효율적으로 하기 위해 파인만은 A부터 B 사이에서 가능한 '모든' 경로가 최종적인 확률에 영향을 준다고 보는 접근법을 개발했다. 마치 해당 입자가 이동 가능한 모든 경로를 동시에 이동하는 것과 같다. 결국 이 입자는 확률운 속을 이동하고 있는 것이나 마찬가지이다.

양자중력에서도 중력장의 움직임을 계산하기 위해 동일한 아이디어를 적용할 수 있다. A라는 스핀 네트워크를 보았을 경우, B라는 스핀 네트워크를 보게 될 확률은 얼마일까? 이 경우 A부터 B 사이에서 가능한 모든 경로가 최종 확률에 영향을 주게 될 것이다. 그리고 이 각각의 경로는 시공간 조각으로 표현될 수 있다. 마치 무수히 많은 각기 다른 시공간들이 동시에 공존하는 격이다.

이러한 각각의 '스핀 네트워크의 경로'는 '스핀 거품(spin foam)'이라는 이름으로 불린다. 거품이라는 이름이 붙은 이유는 이러하다. 비누거품이나 맥주거품 등 어떤 거품의 형태를 떠올려보라. 이 거품을 통째로 얼렸다고 상상해보자. 그리고 아주 예리한 칼로 얼어붙은 거품 덩어리를 자르면, 그 단면이 하나의 스핀 네트워크가 된다. 각 거품의 표면은 연결선이 되고, 거품 표면들이 맞닿아있는 자리에는 네트워크의 격자점이 나타난다. 따라서 이 거품 덩어리를 아주 얇은 조각들로 잘라내면, 이것은 각각 연속적인 스핀 네트워크들이 될 것이다. 다시 말해 이 거품 덩어리는 스핀 네트워크의 연속, 즉 스핀 네트워크의 경로들이라고 볼 수 있다. 결국 '스핀 네트워크의 경로들'의 합인 시공간은 스핀 거품 그 자체인 것이다.

루프이론을 스핀 거품으로 표현하는 접근법은 현재 가장 활발한 연구 분야 중 하나로, 특히 프랑스에서 활동 중인 젊은 과학자들을 중심으로 연구되고 있다. 리옹의 에테라 리

바인(Etera Livine), 마르세유의 레한드로 페레스(Alejandro Perez)와 시모네 스페치알레(Simone Speziale)와 에우제니오 비앙키(Eugenio Bianchi), 그리고 투르의 카림 누이(Karim Noui) 등이 대표적이다. 로랑 프라이델 역시 이 이론의 주요 창시자 중 하나이다.

각각의 스핀 거품은 A라는 상태에서 B라는 상태에 이를 수 있는 가능한 모든 경로를 의미하며, 여기에는 A부터 B까지의 과정을 설명해줄 수 있는 서로 다른 거품들이 연속적으로 존재한다. 한 상태에서 다른 상태로 변화하는 유효한 확률을 계산하기 위해서는 이 모든 경로를 고려하고 그 합을 구해야 한다. 최근 몇 년 새 프랑스와 캐나다에서는 여러 연구팀들이 이 스핀 거품의 '진폭', 다시 말해 총 전이확률에 미치는 스핀 거품의 영향을 구하기 위한 간단한 공식을 발견했고, 영국 노팅엄의 연구팀들은 이렇게 규정된 진폭이 아인슈타인의 일반상대성이론과 깊은 연관성이 있다는 것을 밝혀냈다.

얼마 전에는 무신 한(Muxin Han), 윈스턴 페어바이언(Winston Fairbairn), 카트린 모이스부르거(Catherin Meusburger)가 새로운 정리를 수립해 이 진폭들이 유한하다는 것을 수학적으로 증명하는 데 성공하며 또 하나의 문턱을 넘었다. 이것은 매우 중대한 성과인데, 무한한 물리량이 등장할 경우 이미 양자중력의 공식화 단계에서부터 심각한 문제가 나타나기 때문이다.

루프이론은 이처럼 여러 발전을 거치면서 이제 완성 단계에 조금이나마 가까워지게 되었다. 나는 양자중력이론의 완벽한 공식을 보게 될 것이라는 생각만으로도 좀처럼 흥분이 가라앉지 않는다. 그러나 나 또한 루프이론이 정말 완벽한지는 알 수 없다. 특히 루프이론이 맞았는지, 즉 실제로 자연을 정확히 표현하고 있는 이론인지도 알 수 없다.

공간 안에서 움직이는 끈이론

루프이론 외에도 양자중력에 대한 이론 중 많은 발전을 이뤄온 것이 있다. 바로 '끈이론'이다. 끈이론에서는 기본입자를 점입자가 아닌 작은 끈으로 본다. '끈'과 '루프'는 분명

닮은 구석이 있지만, 그 차이는 어마어마하다. 끈은 '공간 안에서' 움직이는 작은 선 형태의 입자이지만, 루프는 '공간 그 자체'(즉, 중력장)이기 때문이다.

끈이론은 루프이론보다 훨씬 더 야심 찬 목표를 가지고 있다. 양자중력의 문제를 풀기 위한 해답을 찾는 데서 그치지 않고, 물리학의 모든 힘과 입자들을 통일하는 데 목표를 두고 있기 때문이다. 끈이론은 양자중력과 일반상대성이론을 통합할 뿐만 아니라 물리학의 모든 기본 상호작용을 통합하고자 한다. '모든 것의 최종 이론'을 추구하는 것이다. 하지만 이런 목표에 대해 나는 개인적으로 너무 지나친 욕심이고 시기상조라고 생각한다.

엄밀한 의미에서 양자중력 문제 자체에 접근하는 방식은 끈이론이나 루프이론 모두 크게 다르지 않다. 두 이론 모두 물리학적 가설들을 연구하고 있을 뿐만 아니라, 양자중력 문제를 다루는 두 과학자 집단에 뿌리를 두고 있기 때문이다. 그런데 이 집단들 자체가 양자중력에 대한 전제와 시각면에서 차이를 보이고 있다.

먼저 끈이론을 주장하는 과학자들 중에는 특히 고에너지

물리학자들이 많다. 고에너지 물리학이 양자장론(양자역학을 장에 응용한 이론)과 연관이 깊을뿐더러, 중력 현상을 제외한 모든 물리적 사건을 가장 잘 설명해주는 최신 이론인 '표준모형'과도 연관이 깊기 때문이다. 그들의 시각에서 볼 때 중력은 알려진 기본 상호작용 중 가장 약한 마지막 힘에 지나지 않는다. 따라서 이들이 중력의 양자적 특성을 이해하기 위해 다른 원자물리학 분야에서 성공을 거둔 바 있는 동일한 전략을 시도하는 것은 당연한 일이다. 양자장론에 중력을 포함시키기 위한 연구는 최근 몇십 년 동안 전개되어 오다가 발전과 환희와 낙담의 시기를 거치며 현재의 끈이론 연구로 이어졌다. 끈이론은 그 원리가 아직 다 파악되지 않았음에도 불구하고 현재 널리 연구되고 있는 양자중력의 후보 이론 중 하나로 손꼽히고 있다. 다만 20여 년 동안 눈에 띄는 성과를 거두지 못한 탓에 지금은 연구에 대한 의욕이 예전만 하지 못하다.

끈이론이 작동하기 위해서는 10차원 공간과 초대칭적 입자들이 필요하다. 때문에 이 이론은 아직 강한 추측으로만 남아 있을 뿐, 실험을 통한 최소한의 실제적인 확인은 시작조차 하지 못한 상황이다. 사실 초대칭적이지도 않고 차원도 고작 세 개뿐인 이 세상에 대해 적절하고 납득할 만한 일관된 예측을 이끌어내고자 실제로 본 적도 없는 초대칭 입자들로 이루어진 10차원 공간 이론을 사용한다는 것은 쉽게 받아들이기 어려운 얘기다. 그럼에도 끈이론주의자들은 오랫동안 머지않아 초대칭 입자를 실제로 관측할 수 있게 되리라 믿어왔고, 특히 대형강입자가속기(LHC)가 설치 및 가동된 이후로는 초대칭 입자 발견이 가속기의 첫 번째 성과가 될 것이라고 확신했다. 하지만 그런 일은 일어나지 않았고, 그나마 가속기를 통해 힉스 입자가 발견되며 대대적으로 조명된 덕분에 초대칭성이 관측되지 못한 데서 오는 쓰라린 실망감을 간신히 숨길 수 있었다.

반대로 일반상대성이론 전문가들은 대체로 루프이론을 주장하고 있다. 이들의 눈에는 중력을 기준공간 속에서 일어나는 물리적 자극으로 보는 것 자체가 '잘못된' 설명으로 보이기 마련이다. 일반상대성이론을 통해 얻은 주된 교훈 중 하나가 바로 물리적 현상이 일어나는 배경이 되는 공간이라는 것이 '존재하지 않는다'는 사실이기 때문이다.(물론 근사적, 거시적 접근의 경우는 제외한다.) 이 세상은 기준공간보다 훨씬 더 복잡하다. 상대론자들에게 일반상대성이론은 중력이라는 하나의 특정한 힘에 대한 장이론 그 이상의 것이다. 일반상대성이론은 시공간과 관련된 고전적인 개념이 근본적으로 적합하지 않다는 점과 양자역학이 그러했듯 기존 개념에 대한 본질적인 변화가 필요하다는 점을 전제로 하는데, 물리적 현상이 기준공간에서 일어난다는 기존의 공간관념 역시 바뀌어야 할 개념 중 하나라는 것이다. 기준공간의 개념을 버려야만 상대론적 중력을 이해하고 블랙홀, 상대론적 천체물리학, 현대 우주론 등을 연구할 수 있었기 때문이었다.

따라서 상대론자들은 양자역학의 문제 해결을 위해서는 반드시 양자역학과 일반상대성이론으로 시작된 개념적 혁신이 새로운 종합적 결론에 도달해야 할 필요가 있다고 본다. 그리고 바로 그 결론에 지금까지 이 '근본적인 이론들'과 관련해 밝혀진 모든 내용을 아우를 수 있는 새로운 시간과 공간 개념이 포함되어야 한다는 입장이다.

끈이론과 달리 루프이론에서는 애초부터 기준공간이라

는 것을 사용하지 않는다. 루프이론은 양자적 시공간의 특성을 근본적으로 사용하고자 한다. 그 결과 루프이론의 시공간 개념은 기존의 양자역학이나 끈이론과는 완전히 다르게 나타난다. 루프양자중력의 방정식에서는 시간변수 t나 위치변수 x가 전혀 등장하지 않는데, 그럼에도 이 방정식들은 시스템의 변화를 정확히 예측해낼 뿐 아니라 추가적인 차원이나 별난 입자들도 필요로 하지 않는다.

오늘날 끈이론이 루프이론보다 더 많이 연구되고 있으며 널리 알려져 있는 것은 사실이지만, 이것은 전적으로 역사적인 이유 때문이다. 여기에는 일반상대성이론을 아직 미미한 것으로 여기던 20세기 물리학의 상황이 반영되어 있다. 일반상대성이론이 너무 복잡한데다가(당시로서는) 실질적인 역할을 전혀 하지 못했던 탓에 소수의 뛰어난 물리학자들이 연구에 파고들었으나 그 내용은 잘 알려지지 않았다. 반면 양자역학은 수많은 응용 분야(레이저, 응집물질, 입자, 핵물리학, 핵폭탄 등)에서 사용된 덕분에 크게 발전할 수 있었다. 결국 양자중력이 시급한 문제로 떠오르자 이를 해결하기 위한 두 가지 관점이 생겨날 수밖에 없었다. 하나는 일반상대성이론을 기반으로 하는 소수의 과학자 집단이고, 다른 하나는 양자장론을 기반으로 하는 다수의 과학자 집단이었다. 이때 생겨난 두 집단 사이의 문화적 격차가 지금까지도 여전히 이어지고 있다. 지금도 양자중력 관련 토론 자리에 가보면 끈이론주의자들은 "양자장론을 하나도 이해하지 못하시는군요."라고 말하고, 루프이론주의자들은 "일반상대성을 전혀 모르시네요."라고 말하며 서로를 비판한다. 하지만 어쩌면 이 중에 진실이 있을지도 모를 일이다.

오늘날 끈과 루프 외에도 양자중력과 관련된 많은 아이디어들이 생겨나고 있다. 특히 알랭 콘은 물리적 공간을 수학적으로 기술하는 '비가환기하학'을 주장하고 나섰다. 이 아이디어는 기본입자에 작용하는 힘의 구조에 대한 이론(표준모형이론)으로부터 큰 영향을 받았다. 아인슈타인이 맥스웰의 전자기이론으로부터 영감을 받아 특수상대성이론을 발견했던 것처럼, 알랭 역시 아인슈타인과 비슷한 방식으로 연구하고 있다. 나 역시도 알랭의 아이디어에 대해 연구하였고, 소소하지만 이와 관련된 논문을 몇 편 발표하기도 했다. 우리가 추구하는 새로운 종합적 결론에 비가환기하학이 어떤 방식으로든 포함되더라도 놀라운 일은 아닐 것이라고 생각한다.

양자중력에 대한 흥미로운 또 다른 아이디어 중 하나는 스핀 네트워크의 창시자이기도 한 로저 펜로즈가 주장한 아이디어이다. 펜로즈는 조금 어렵긴 해도 일반 대중을 대상으로 쓴 최근 저서 《실체에 이르는 길(Road To Reality)》을 통해 우리가 이 세상에 알고 있는 모든 것을 거대하고 날카롭게 그려냈다.

끈의 세계와 루프의 세계 사이에는 때로는 소란스럽고, 원색적인 비난("아무것도 모르는군!", "계산이 모조리 틀렸어!", "연구가 오류투성이야!" 등)이 오고가는 일도 종종 목격된다. 특히나 젊은 과학자들에게 일자리와 재정 지원을 분배해줘야 할 과학 관련 위원회 내에서는 더 큰 고성이 오가기도 한다. 그러나 이 분야가 최전선에 서있는 과학 연구인 탓에 혼란은 불가피하다. 게다가 과학자들이 수년간 한 길에만 열정을 쏟아부었던 만큼 때로는 논쟁이 비이성적인 수준까지 격화되기도 한다. 하지만 그럼에도 이러한 논쟁은 지식적 풍요와 진보를 위한 필수적인 양분이다.

확립된 이론과 가설적 이론

그런데 이 모든 이론들이 아직은 사변적 이론에 머물러 있으며 나중에 완전히 틀린 주장으로 밝혀질 수 있다는 사실을 다시 한번 기억해야 한다. 이 말은 곧 과거의 다른 이론들이 그랬듯 이 이론들 역시 앞으로 더 훌륭한 이론이 나올 경우 얼마든지 대체될 수 있을 뿐만 아니라, 각각의 이론이 주장했던 예측들 자체도 실험을 통해 얼마든지 파기될 수 있다는 것을 의미한다. 분명 근사치와 오류 사이에는 거리가 있다. 그러나 우리는 아직 스스로가 근사치와 오류 중 어느 쪽에 가까이 있는지조차 알지 못한다. 자연에 대한 그럴싸한 주장들은 넘쳐나고, 이론물리학의 역사는 매우 '아름다워' 보이는 이론에 대한 열정으로 채워져 왔다. 그러나 이 이론들은 실패로 돌아가고 말았다. 유일한 심판은 실험이다. 하지만 아직 실험 결과는커녕 간접적인 관찰 결과조차 제대로 나와 있지 않으므로 양자중력에 대한 후보 이론 중 어떤 것이 표준모형이론과 일반상대성이론의 뒤를 이을 수 있을지는 알 수 없는 상태이다. 반면 지금까지 다른 후보

이론들이 내놓았던 예측들(양성자 붕괴, 초대칭입자, 별난입자, 근거리 중력보정 등)은 모두 실험을 통해 '부인'되었다. 이러한 실패들과 양자역학, 표준모형, 일반상대성이 실험을 통해 거둔 막대한 성공을 비교해본다면, 당연히 신중을 기하지 않을 수 없다.

이것은 과학 연구의 가장 어려운 측면 중 하나이다. 과학자들은 한편으로는 새로운 이론을 수립하고 이 세계의 새로운 요소를 발견하게 될 순간에 느낄 흥분과, 평생을 바친 연구 내용이 결국 틀린 것으로 밝혀지게 될지도 모른다는 위험 사이에서 늘 갈등한다. 게다가 그 이론이 진실인지 거짓인지도 확증하지 못한 채 과학계를 떠나야 한다면 더욱 최악의 결과가 아닐 수 없다.

나는 우리가 알고 있는 내용과 짐작하고 있는 내용을 확실히 구분할 필요가 있다고 생각한다. 현재 우리가 물리적 세계에 대해 알고 있는 것은, 이미 확립되어 각 분야에서 완벽하게 적용되고 있는 극소수의 기초 이론들의 내용뿐이다. 물론 확립된 이론과 사변적 이론 사이에 흐릿하게 그어져 있는 경계선이 계속해서 수정되고 있지만, 그렇다고 경계선이 없어도 된다고 할 수는 없다. 하나의 이론이 확립되기 위해서는 반드시 특정 예측에 대한 반복적인 실험이 이루어져야 하기 때문이다.

오늘날의 양자역학(그리고 양자역학을 물리적 장에 응용한 양자장론), 기본입자에 대한 표준모형, 아인슈타인의 일반상대성이론 등은 모두 확립된 이론이다. 여기에 고전역학, 전자기학 등 고전적 이론들도 추가할 수 있다. 이 이론들은 분명한 증거를 보여주었고, 현대 기술의 기반이 되었다. 이 이론들의 예측(각각의 유효한 범위 내에서의 예측)은 재산이나 목숨을 걸어도 좋을 정도로 확실하다.

그러나 이 이론들 이후에 등장한 이론들, 즉 양자중력, 끈이론, 비가환기하학, 대통일이론, 초대칭이론, 차원론, 다중우주론 등은 여전히 사변적인 상태에 머물러 있다.(사실 나의 연구 주제 대부분도 이쪽에 포함된다.) 이 이론들이 우리가 사는 이 세계를 정확하게 서술하고 있다고는 그 무엇으로부터도 확신을 얻을 수 없다. 실험을 통해 가설들이 확인된 것도 아니고, 실질적으로 응용된 적도 없다. 그러니 이 이론들이 내놓는 예측의 유효성에 대해서는 동전 한 푼이라도 걸어서는 안 된다.

이 이론들이 흥미롭지 않다는 의미는 아니다. 현재 확립된 이론들도 과거에는 사변적이고 불확실한 이론이었다. 그러나 오늘날 연구되고 있는 이 이론들이 정말 정답일지 아닐지는 알 수 없다. 실제로 수많은 과학자들이 열과 성을 다해 매달려온 이론이었지만 실험 결과 그 노력이 헛수고였던 것으로 밝혀지는 일도 여러 번 있었다.

모든 과학자는 각자의 아이디어와 신념을 가지고 있으며 –나도 마찬가지이다– 모두 열정을 담아 전력을 다해 자신의 가설을 주장해야 한다. 활발한 토론이야말로 지식을 추구하는 가장 좋은 방법이기 때문이다. 그러나 그 주장이 결코 눈을 멀게 해서는 안 될 것이다. 우리는 틀릴 수 있다. 그것을 판가름해주는 것은 숫자도 논리도 아닌, 실험뿐이다.

그런데 이러한 구분을 생략하는 과학자들이 있다. 이것은 고의성이 다분한 잘못된 의사소통방식이다. 자신의 아이디어에 취한 나머지 확립된 이론과 사변적 이론을 구분하지 않고 말하는 것이다. 이들은 자신의 가설을 마치 확립된 지식인 것처럼 말하기도 한다. 하지만 이러한 태도는 과학자들을 후원하는 사회에 대해 보여야 할 올바른 태도가 아니다. 자신의 이론이 가설일 뿐이라는 사실을 분명하게 밝히지 않으면 과학 전체에 대한 신뢰도를 떨어뜨리는 결과를 낳게 된다. 일례로 끈이론도 종종 이미 확증된 것처럼 여겨지곤 하는데, 나는 아직 가설 단계에 머물러 있는 이 이론이 확립된 이론처럼 대중들에게 소개되는 것을 볼 때마다 과학 전체에 큰 폐를 끼치고 있다는 생각이 든다. 대중은 과학자를 신뢰할 수 있어야 한다. 따라서 과학자는 어떤 현상을 '이해했다'거나 '설명되었다'고 말하기 전에 신중해야 한다

내가 이 부분을 이토록 강조하는 것은 심지어 과학계 내에서조차 확립된 이론과 사변적 이론을 혼동하는 현상이 점차 퍼져가는 것처럼 나타나고 있기 때문이기도 하다. 그 영향은 특히 젊은 과학자들 사이에서 눈에 띄게 나타나고 있다. 나는 최근 한 국제회의에서 탁월한 기술적 지식을 가진 한 젊은 과학자를 만났다. 우리는 일반상대성이론과 'N=4 초대칭 양-밀스 이론'에 대해 이야기를 나누었다. 대화 중에 내가 그중 한 이론은 실험을 통해 확인되었지만 다른 하나는 그렇지 않지 않느냐고 말하자, 그는 내게 순진무구한 얼

굴로 이렇게 되물었다. “둘 중 어느 이론이요?” 농담이 아니었다. 수많은 예측들이 실험을 통해 모두 확증된 일반상대성이론과, 단 하나의 예측조차 확인되지 못한 이론 사이의 차이를 이해하지 못하고 있는 것이었다. 이러한 혼란은 기초물리학계에 커다란 위기를 가져오게 된다.

루프이론, 끈이론, 그리고 ‘표준모형 이후의 물리학’에 포함되는 모든 이론들은 사변적 특징을 가지고 있다는 사실을 명확히 밝혀야 한다. 이것은 건강한 과학과 대중과의 소통을 위해 반드시 필요한 일이다. 과학을 후원하는 것은 사회이기 때문이다.

가장 강력한 힘, 호기심

오늘날 과학 분야에 대한 재정적 지원이 전 세계적으로 산업발전에 도움이 되고 기술 응용이 가능한 학문에 몰리고 있다는 사실은 이미 잘 알려져 있다. 반면 순수과학에 대한 지원은 곤두박질치고 있다. 하지만 이것은 매우 근시안적인 정책이다. 만약 고대 알렉산드리아의 지도자들이나 피렌체를 지배했던 메디치 가문이 응용 가능한 연구에만 초점을 맞춘 채 유클리드나 갈릴레이의 연구 내용을 불필요한 것으로 여겼다면, 오늘날 우리는 무지하고 빈약한 사회에서 살아가야 했을 것이다.

세상에 대한 기초적 이해가 한 걸음 도약할 때마다 늘 그 뒤에는 커다란 기술 발전이 이루어졌다. 그 예는 무수히 많다. 현대 공학기술은 달의 궤도를 예측한 뉴턴의 계산법에 기반을 두고 있으며, 농업 분야의 녹색혁명은 단순한 호기심에서 시작된 유전 연구에서 출발했다. 또한 라디오와 텔레비전은 빛의 성질에 대한 맥스웰의 연구가 낳은 뜻밖의 산물이었으며, 컴퓨터는 20세기 원자라는 무미건조한 물체에 대한 연구 없이는 존재할 수 없었을 것이고, GPS시스템 역시 시간의 성질에 대한 아인슈타인의 궁금증이 아니었다면 지금처럼 작동될 수 없었을 것이다. 이처럼 현대사회의 모든 기술 분야는 순수한 호기심에서 출발한 기초과학 연구의 결과물이었다. 그리고 이러한 기초과학 연구는 깨어 있는 지도자들이 기초과학 연구의 중요성을 알고 있을 때에야

비로소 발전할 수 있다.

장기적인 이익은 제쳐두고라도, 유럽이 다시 이 세상의 지식 사회에서 중심에 서기 원한다면 무엇보다도 기초과학 연구 분야에 대한 지원을 확대해야 할 것이다. 과거 유럽은 아랍 세계에 대학이라는 개념을 전수해주었고, 지식이 자유롭게 연구되고 그 지식을 다음 세대로 전할 수 있는 곳으로 눈부시게 발전시키는 역할을 했다. 그러나 오늘날의 유럽 대학에서는 과거의 생기를 찾아볼 수 없으며, 대부분 그저 미국의 명문 대학들을 모방하고 있는 상황이다. 유럽 학계에서는 규범을 깨뜨릴 줄 아는 참신하고 기발한 젊은 과학자들보다는, 오히려 규범에만 매달린 출세주의자들이 보상을 받는 경우가 많다. 반면 우리가 '물질만능주의'에 빠져 있다고 비판하는 미국의 학계에서는 호기심에서 출발한 연구들과 지적 우수성에 높은 평가를 주고 있다. 현재 노벨상 수상자 중 미국인의 비율은 점점 높아지고 있으며, 미국은 점점 더 큰 문화적 영향력을 행사하고 있다. 이러한 문화적 영향력은 장기적으로 볼 때 중대한 정치적 결과를 가져올 것이다.

나는 '호기심'이야말로 문명을 빚어내고 인류를 동굴 밖으로 끌어내 파라오에 대한 찬양에서 벗어날 수 있게 해준 가장 강력한 힘이었다고 생각한다. 만약 유럽이 이렇게 절대적인 중요성을 지닌 호기심을 지키고자 한다면, 대학들이 문화를 연구하는 곳이 될 수 있도록 만드는 데 투자를 아끼지 않아야 할 것이다.

***

끈과 루프의 이야기로 다시 돌아와보자면, 이 둘에 대한 오늘날의 기초연구는 여전히 혼란스러운 구상 단계에 머물러 있다. 좋은 아이디어들이 제시되었고 이론들도 발전하고 있지만, 이것이 과연 정답일지는 아직 모르는 상태인 것이다.

일반상대성이론과 양자역학의 충돌 문제 등 아직 해결되지 않은 중대한 문제들의 해답은 어쩌면 우리가 가진 사변적 이론들 속에 이미 나타나 있는지도 모른다. 그렇다면 앞으로 계속해서 다양한 도구들을 개발해 그 해답을 확인하는 일만 남아 있다. 어쩌면 아직은 그 어떤 해답도 찾지 못한 상태일 수도 있다. 그렇다면 지금은 힘들게 연구직 일자리를 구하고 있을 이름 모를 또 다른 젊은 아인슈타인이 10년 쯤 뒤에 그 해답을 찾게 될 수도 있을 것이다. 아니, 어쩌면, 아직 찾지 못한 그 해답을 찾게 될 그 누군가가 이 책을 읽고 있는 바로 당신일지도 모를 일이다.

에필로그

기원전 7세기, 그리스 문명은 한창 번영기를 누리고 있었다. 그리스 문명은 이집트 문명, 메소포타미아 문명과 같은 근방의 거대 문명들보다 한참 후에 발달한 덕분에 다른 문명들로부터 많은 것들을 물려받을 수 있었다. 하지만 이 문명들 사이에는 근본적인 차이가 있었다. 이집트 문명과 메소포타미아 문명은 질서와 안정을 중시했고 계급제도를 가지고 있었다. 권력은 중앙에 집중되었고, 사회는 안정적인 질서를 계속해서 유지했다. 두 문명은 보호주의를 고수했고 전투나 전쟁을 제외하고는 외부와 접촉하는 일도 매우 드물었다.

반면 젊은 그리스 문명은 매우 역동적이었고 변화를 멈추지 않았다. 중앙에 집중된 권력은 존재하지 않았다. 각각의 도시는 독립적이었고, 도시 내에서도 지배층과 시민들이 끊임없이 교섭 단계를 거쳤다. 그리스의 법은 신성하거나 불변하는 진리로 여겨지지 않았다. 법에 대한 계속적인 논의와 실험과 확인이 이어졌고, 평의회를 열어 공동으로 결정을 내렸다. 다른 능력보다도 대화와 논의를 통해 다른 이들을 설득할 능력이 있는 자들에게 권력이 돌아갔다. 또한 이집트나 메소포타미아와는 달리 그리스인들은 여행을 자주 다니기도 했다.

이와 같은 완전히 새로운 문화적 배경 안에서 독창적인 개념 하나가 태어났는데, 이것이 바로 합리적이고 비판적인 지식이다. 이것은 쉬지 않고 변화하며, 전통적 관념에 거침없이 의문을 제기하고, 스스로에게도 질문을 던지는 역동적인 지식이다. 이러한 지식이 지닌 새로운 권력은 전통이나 권위, 힘, 영원한 진리가 아닌, 다른 이들에게 자신의 관점의 정확성을 납득시킬 수 있는 능력에서 나오는 것이었다. 기성 지식에 대한 비판도 금기시되기보다는 오히려 권장되었으며, 이것은 역동적이고 힘 있는 생각의 근원이자 더 나은 지식을 보장해주는 기반이 되었다. 그야말로 새로운 세계의 서막이 열리고 있었다.

과학 연구의 기본원칙은 간단하다. 누구든지 이야기할 권리가 있다는 것이다. 현실 세계에 대한 관점을 바꿔놓을 만한 아이디어를 발견한 아인슈타인 역시 원래는 특허국에서 근무하는 이름 없는 직원일 뿐이었다. 만약 여러 사람의 의견이 대립한다면 이 또한 반가운 일이다. 의견들의 대립으로부터 역동적인 사고가 만들어지기 때문이다. 단, 힘이나 공격, 재력, 권위, 전통 따위로는 절대 이 대립을 해결할 수 없다. 유일한 해결 방법은 논증과 '대화'를 통해 의견을 주장해 다른 이들을 '납득'시키는 것뿐이다.

물론 여기서 인간적, 사회적, 경제적으로 매우 복잡한 상태에 놓여 있는 현실적인 실제 과학 연구의 원칙을 이야기하려는 것은 아니다. 그보다는 과학 연구가 기준으로 삼아야 할 이상적인 원칙들에 대해 이야기하려는 것이다. 이 원칙들은 아주 오래전부터 존재해왔다. 플라톤 역시도 그 유명한 〈일곱 번째 편지(The Seventh Letter)〉를 통해 이러한 원칙들을 열정적으로 설명했다. 플라톤은 진리를 찾는 방법에 대해 이렇게 말했다. "그러나 수많은 노력 끝에 이름과 정의, 시각과 감각 등 하나하나 얻어진 요소들이 서로 마찰하고, 호의적인 시험과 시기심 없는 논의를 거치고 나면, 비로소 이들 각각의 위에서 인간의 힘이 버틸 수 있을 만큼의 강렬한 지식과 지성의 빛이 불현듯 반짝이기 시작하는 것이다."

이처럼 성실한 지적 과정을 통해, 자연과 다른 이들에 대한 경청과 배움을 통해 지식을 추구해야 한다. 여기서 중요한 점은 우리가 틀릴 수 있다는 사실을 솔직하게 인정하는 것이다. 플라톤 시대 이래로 우리는 오랜 길을 걸어왔지만, 여전히 그가 말한 그 길, 즉 '대화'를 통해, 합리적 논의의 테두리 안에서 이뤄지는 합의를 통해 지식을 추구하는 이상적인 탐구의 길 위에 놓여 있다.

과학과 민주주의는 동일한 시대에 동일한 지역에서 탄생한 만큼 분명한 관련성을 가지고 있다. 이상적인 민주주의는 결정권을 쥐고 있는 사람이 자신의 주장을 '논증'하고 다른 이들을 충분히 '설득'하는 과정으로 이루어진다. 자신의 적들을 짓누르기보다는 그들의 주장을 듣고 논의하며 공통의 영역과 공통의 이해를 찾아가는 것이 민주주의의 이상인 것이다. "나는 당신의 의견에 동의하지는 않지만, 당신이 그 의견을 말할 권리를 위해 싸우겠다."라는 볼테르의 말은 민주주의의 핵심인 동시에 과학적 방식의 핵심이기도 하다.

결국 정확히 동일한 시대에 동일한 지역에서 함께 태어난 과학과 민주주의는 동일한 정신을 공유하고 있다. 그것은 바로 고요한 합리성, 지성, 대화의 정신이다. 이 정신은 우리 문화를 뒷받침하는 한 축을 맡고 있다.

당연히 과학과 정치 모두 이상과 현실 사이의 격차가 존재한다. 하지만 둘의 이상은 너무나도 닮아 있다. 세상을 이해하기 위한 가장 효율적인 방법을 찾아가는 과학과, 집단적 의사결정의 과정을 구성하기 위한 가장 좋은 방법을 찾아가는 민주주의 사이에는 수많은 공통점이 존재한다. 그것은 바로 관용, 토론, 합리, 반대 주장의 경청, 학습, 그리고 공통의 아이디어를 추구하는 태도이다. 우리가 틀릴 수 있다는 사실을 인식하고, 다른 주장을 듣고 납득이 될 경우 의견을 바꿀 수 있다는 태도를 견지하며, 나와 반대되는 시각이 정답일 수 있다는 것을 인정하는 것이야말로 과학과 민주주의의 핵심 원칙이다.

이 세상에 대한 과학적 이해의 발전 역시 기존의 사고방식의 기준에서 볼 때는 일탈 그 자체나 다름없다. 그래서 과학적 사고에는 항상 전복적이고 혁명적인 무언가가 있다. 우리는 매번 이 세상을 다시 그려내고 현실 세계를 표현하는 틀과 사고방식까지도 변화시킨다. 이미 알려져 있듯이 '혁명(revolution)'이라는 단어 자체도 그러하다. 코페르니쿠스의 저서 《천체의 회전에 관하여(On the Revolutions of the Heavenly Spheres)》의 제목에 등장하는 행성의 회전, 특히 태양을 중심으로 도는 지구의 회전을 의미하는 단어였던 'revolution'이 지금의 의미로 바뀌게 되었기 때문이다. 오늘날의 모든 '혁명'들이 코페르니쿠스의 혁명에 암묵적인 경의를 표하게 될 정도로 이 새로운 세계관이 주는 영향력은 너무나도 강력했던 것이다.

과학적인 이해에 열린 태도를 가진다는 것은 결국 혁명적이고 전복적인 사고에 대해 열린 태도를 가지겠다는 것을 의미한다. 반항으로 가득했던 나의 젊은 시절은 결국 언제나 전복적인 과학적 사고라는 피난처를 찾았던 셈이다.

반면 학교에서는 과학을 '기정 사실'과 '법칙', 문제 풀이를 위한 연습처럼 가르치는 경우가 대부분이다. 이러한 교육방식은 과학적 사고의 특성 자체를 배반하는 것이나 마찬가지이다. 나는 학교가 교과서가 아닌 비판적 사고방식을 가르쳐야 한다고 생각한다. 학생들에게, 또한 교사들에게, 맹목적으로 통념을 따르기보다는 의심을 품을 수 있도록 가르쳐야 한다. 이를 통해 젊은이들이 앞으로의 미래를 신뢰할 수 있도록 도와주고, 앞으로 나아가는 활기차고 역동적인 사회를 형성하는 데 일조할 수 있을 것이다.

과학은 과학 그 자체로서 가르쳐야 한다. 과학은 매력 가득한 인류의 모험인 동시에, 대혼란 속에서 새로운 해결책을 끈질기게 탐구할 때 어지러울 정도의 개념적 도약을 거쳐 마침내 퍼즐 조각들이 맞아떨어지는 번득이는 깨달음을 얻게 되는 일련의 과정이다. 공전하는 지구, 유전정보를 담고 있는 DNA, 모든 생물의 공통 조상, 휘어 있는 시공간 등, 과학은 그야말로 신비와 아름다움이 가득한 길고 긴 이야기이다. 이런 과학을 교육하기 위해서는 의심하고 감탄하는 법을 가르쳐야 할 것이다.

또한 과학이 이뤄온 역사적인 발전은 예술, 문학, 철학의 발전과도 결코 분리되어 있지 않다. 각각의 분야는 과학적 관념이 세워지는 데 영향을 줬고, 역으로 각 시대의 문명을 관통하는 과학적 세계관 역시 각각의 분야를 풍성하게 만들었다. 나는 학교가 학생들에게 고딕 건축 양식과 뉴턴의《프린키피아》를, 14세기 '시에나 화파'와 분자생물학을, 셰익스피어의 희곡과 순수 수학을 이끌어낸 지적 모험을 제대로 이해하고 그 가치를 인정할 수 있게 가르치기를 바란다. 이것들은 인류의 지적 유산이나 다름없으며, 전체적인 관점에서 바라볼 때 비로소 의미를 지니게 될 것이다.

슈베르트가 작곡한 곡에서 나타나는 아름다움, 지성, 인간미, 신비로움은 아인슈타인이 쓴 책에서도 동일하게 발견된다. 슈베르트와 아인슈타인 모두 깊이 있게, 또한 여리고 가뿐하게 현실 세계를 이해하는 방식을 보여주고 있다. 나는 젊은이들이 이 둘을 모두 제대로 평가하고, 그들로부터 세상을 이해하고 스스로를 이해하기 위한 열쇠를 얻을 수 있기를 바란다.

오늘날 이 세상은 어두운 구름으로 뒤덮여 있다. 불평등과 불공정은 전에 없이 심각해졌고 심지어 계속 악화되고 있다. 인간 사회를 갈라놓는 종교나 다름없는 확신의 아우성은 정치 지도자들을 통해 점점 더 커져만 가고 있다. 사람들은 극히 부분적인 정체성에만 매달리고 있으며, 서로에 대한 두려움과 불신을 키우고 있다. 분쟁들은 더욱더 격화되고 있고, 거의 모든 국가의 군사비용이 크게 증가했다. 타협이 지닌 가치는 점점 더 추락하고 있을 뿐이다.

나는 비합리성이 급증하고 있는 애처롭고 걱정스러운 현실을 목도하고 있다. 과학은 우리에게 스스로의 무지와 한계를 인정하고, '타인'을 의심하기보다 그로부터 배울 것이 더 많다는 사실을 인정하라고 한다. 진리는 교류의 과정에서 찾을 수 있는 것이지, 지금 세계적으로 나타나고 있는 것처럼 스스로가 '가장 옳다'고 믿는 신념에서 나오는 것이 아니다.

유럽인들이 벌였던 총 10차에 걸친 십자군 원정 중, 아홉 번은 결국 전쟁으로 이어지고 말았지만 유일하게 6차 원정만은 그렇지 않았다. 6차 원정 당시에는 유럽의 위대한 영혼 프리드리히 2세가 예루살렘의 통치권에 대해 이슬람의

술탄 알-카밀과 협상을 통해 문제를 해결한 덕분이었다. 협상은 진리에 대한 비판도, 진리의 공유조차도 인정하지 않는 교황으로서는 찬성할 수 없는 해결책이었다.

나는 오늘날 전 세계에서 나타나고 있는 여러 긴장 상황에도 불구하고 분명 하나의 세계 문명이 형성되고 있다고 생각한다. 인간들이 그러하듯 문명 역시 다른 문명과 교류할 때 발전할 수 있고, 스스로 갇혀 있으면 정체되기 마련이다. 현대의 세계화가 여러 불안 요소들을 안고 있긴 하지만 동시에 인류에게는 엄청난 기회인 이유도 이 때문이다. 어쩌면 유럽사회가 온 세계에 전해준 문화유산의 정수는 문학, 예술, 철학보다도, 그리스 문명에서 시작되어 근대 유럽을 거치며 발전해온 고요하고 역동적이며 합리적인 힘을 지닌 과학적 사고일 것이다. 또한 스스로의 기반에도 의문을 제기할 수 있게 하는 힘이자, 과학에 그렇게 큰 능력과 신뢰성을 가져다주는 힘인 역동성 역시 유럽의 역사적 성공을 이루는 근간일 것이다.

물론 과학적 접근을 직접적으로 적용할 수 있는 분야는 한정적이다. 사활이 걸린 사회적, 개인적 문제의 경우 과학과의 연관성은 미미하다. 그러나 과학적 사고는 우리의 사회와 사상을 형성하는 데 기여해왔고, 문화적 기반으로서의 가치를 지니고 있다. 과학이야말로 오류로부터 벗어나고 '공유 가능한' 지식을 모으기 위해 인류가 사용해온 가장 훌륭한 방법 중 하나인 것이다.

나는 이탈리아인이지만 프랑스인이고 유럽인이기도 하다. 나는 앞으로 유럽인이지만 동시에 세계시민이 되고 싶다. 이 두 정체성은 서로 대립하지 않으며, 오히려 서로를 풍요롭게 만든다. 만약 유럽공동체의 의미가 유럽의 특권을 강화하고 수호하는 것이라면 이것은 전혀 흥미롭지 않다. 반대로 지난 과오를 인정하고 세계 평화와 정의를 위해, 폭력이 대화로 바뀌는 세상을 위해 일하는 데에 유럽공동체의 의미를 두고 있다면, 그렇다면 나는 아직도 망설이고 있는 유럽인들의 마음을 곧 하나로 모을 수 있으리라 믿는다.

그렇게 된다면 유럽은 공통의 꿈을 향해 가는 가장 오래되고 거대한 하나의 국가를 형성할 수 있게 될 것이다. 그 공통의 꿈이란 바로 대화가 폭력과 권력을 이기는 공유된 사회를 가지는 것이다.

어쩌면 이것은 한낱 꿈에 지나지 않을지도 모른다. 현실에서 꿈꾸는 그저 또 다른 세계에 대한 판타지일지도 모른다. 그러나 내가 과학을 통해 배운 것은 단 하나의 현실 세계라는 것은 존재하지 않는다는 사실이다. 이 세상은 항상 우리의 생각과는 다르며, 우리의 눈앞에서 계속 변화하는 존재이다.

지금의 세상을 만든 것은 기존의 관념에 맞서는 이전 세대의 반란이며, 다르게 생각하기 위한 그들의 노력이었다. 우리가 가지고 있는 세계관과 현실은 그들의 성취된 꿈이다. 그러니 미래를 겁낼 이유가 없다. 우리는 앞으로도 계속해서 반항하며, 다른 세계를 꿈꾸고, 그것을 추구하며 나아갈 수 있을 것이다.

오늘날 나는 30여 년 전의 나처럼 기초 연구에 사로잡힌 젊은이들에게 둘러싸여 있다. 내가 그랬듯이 그들 역시 전 세계 각지에서 나를 찾아왔다. 이 중에 나보다 나은, 우리가 도달할 수 없었던 곳에 이르게 될 젊은이들이 있기를 바라면서 그들에게 내가 알고 있는 것들을 설명하며 가르치고 있다.

젊은이들이 과학자의 길을 걷고자 의견을 물어올 때면, 나의 교수님들이 그랬던 것처럼 나 또한 그들을 강하게 만류하곤 한다. 과학자로서 겪게 될 자리 경쟁의 치열함과, 연구 주제의 난해함, 그리고 이 까다로운 직업이 지니고 있는 수많은 위험성들에 대해 알려주고, 열정만을 좇는 일은 위험하다고 말한다. 하지만 사실은 그들이 이 모든 경고를 무시하고 끝까지 자신의 꿈을 쫓아갈 힘과 열정을 가지고 있기를 은밀히 그러나 간절히 기대하고 있다.

감수의 글

이 책은 국내에서 네 번째로 번역 소개되는 카를로 로벨리의 책이다.

젊은 시절 사회의 변화를 꿈꿨던 카를로 로벨리가 현실의 벽에 부딪혀 좌절을 겪은 후, 자유롭게 생각할 권리를 보장해주는 과학, 특히 이론물리학을 만나면서 변화와 모험에 대한 욕구를 포기하지 않고 다시금 진리를 찾아 나서는 자신의 새로운 여정을 그리고 있다. 양자중력이라는 낯설고 새로운 모험의 길로 안내해준 다양한 학자들과의 만남과 진지한 토론 그리고 새로운 루프양자중력 이론을 만들어가는 산고의 과정들이 솔직하게 서술돼 있다. 카를로 로벨리 자신의 자전적인 전기라고 말할 수 있을 것이다.

로벨리의 모험은 그가 대학생일 때 한껏 호기심을 가졌던 양자중력에 관한 이야기에서 시작된다. 20세기 과학혁명의 산물인 양자역학과 일반상대성이론(혹은 중력이론)은 각각 물질과 시간/공간에 대한 우리의 관념을 근본적으로 바꾸어 놓았지만, 서로 양립하기 어려울 정도로 세계관이나 사고방식이 너무 다르다. 그래서 이들을 동시에 포괄하는 통합이론은 불가능한 것처럼 보였다. 하지만 자연에는 특히 우주 초기 대폭발이나 블랙홀에서는 분명 중력의 양자효과가 나타나는 만큼, 이를 설명하려면 결국 두 이론을 일관성 있게 통합해야만 한다. 카를로 로벨리는 이 문제의 해결을 평생의 업으로 삼고, 초끈이론을 대신할 새로운 루프양자중력이론(간단히 루프이론)을 수립하는 데 오랜 시간 많은 공을 들여왔다.

그동안 물리학 이론의 토대가 되어온 기존의 공간과 시간 개념의 문제는 무엇인지, 이를 해결하는 데 왜 루프 개념이 필요한지, 루프가 무엇을 의미하는지, 루프이론이 추측하는 공간과 시간의 이미지는 무엇인지, 루프이론이 어떻게 중력의 양자효과를 설명하는지, 특히 초기 우주의 대폭발과 블랙홀 내부에서의 운동을 어떻게 설명하는지 등의 문제를 놓고, 이에 관심을 가진 물리학자와 수학자 그리고 철학자들과 진지한 만남과 토론을 계속 이어온 것이다.

이를 통해 그는 이 책의 제목이 암시하듯 '만약 시간이 존재하지 않는다면 우리는 우주를 어떻게 이해할 수 있는가?'를 다른 방식으로 보여주고자 하였다. 이 책은 이러한 그의 여정을 소상히 담고 있다.

카를로 로벨리의 루프양자중력이론에 따르면, 우주에는 그동안 우리가 알고 있던 공간이나 시간이 더 이상 존재하지 않는다. 공간은 알갱이화된 중력장들의 연결망이고, 시간은 사건과 사건 간의 관계일 뿐이다. 우리는 이를 직관적으로 쉽게 받아들이지 못할 것이다.

이런 우리를 향해 카를로 로벨리는 외치고 있다. 이 세상을 비공간적이고 비시간적인 표현을 통해 이해하는 방법을 생각해보라고. 견고하게 여겨왔던 기존의 관념들을 뒤엎고 세계를 다른 방식으로 바라보라고. 다른 시각으로 사물을 보고 이를 통해 세상이 겉모습과 다를 수 있음을 깨달아보라고. 바로 이 책이 우리에게 전하는 메시지다.

카를로 로벨리의 글은 언제나 그랬듯이 수식 없이 이해 가능하며 쉽고 간결하다. 이 책을 통해 독자들도 '시간 없이' 우주를 이해할 수 있는 새로운 시각을 직접 체험해볼 수 있기를 기대한다.

이중원

만약 시간이 존재하지 않는다면

2021년 5월 10일 초판 1쇄 | 2024년 9월 10일 18쇄 발행

지은이 카를로 로벨리 **옮긴이** 김보희 **감수** 이중원
펴낸이 이원주, 최세현 **경영고문** 박시형

책임편집 조아라
기획개발실 강소라, 김유경, 강동욱, 박인애, 류지혜, 이채은, 최연서, 고정용, 박현조
마케팅실 양근모, 권금숙, 양봉호, 이도경 **온라인홍보팀** 신하은, 현나래, 최혜빈
디자인실 진미나, 윤민지, 정은예 **디지털콘텐츠팀** 최은정 **해외기획팀** 우정민, 배혜림
경영지원실 홍성택, 강신우, 김현우, 이윤재 **제작팀** 이진영
펴낸곳 (주)쌤앤파커스 **출판신고** 2006년 9월 25일 제406-2006-000210호
주소 서울시 마포구 월드컵북로 396 누리꿈스퀘어 비즈니스타워 18층
전화 02-6712-9800 **팩스** 02-6712-9810 **이메일** info@smpk.kr

ISBN 979-11-6534-342-2 (03400)